GESUND & LECKER

Kochen für den Hund

GESUND & LECKER
Kochen für den Hund

DK

DK | Penguin Random House

Verlagsleitung Monika Schlitzer
Programmleitung Heike Faßbender
Redaktionsleitung Dr. Kerstin Schlieker
Herstellungsleitung Dorothee Whittaker
Herstellungskoordination Bettina Bähnsch
Herstellung Christine Rühmer

Text, Layout, Rezepte & Fotografie Christine Paxmann

Fachliche Beratung Dr. vet. Silja Weber
Lektorat Julika Exner

ISBN 978-3-8310-4666-9

Druck und Bindung L.E.G.O. S.p.A., Italien

MIX
Papier | Fördert gute Waldnutzung
FSC® C023419

www.dk-verlag.de

Inhalt

Kochen für Hunde, geht's noch? Ja, es geht! Ein Plädoyer

Ich weiß nicht, ob meine Mutter eine gute Köchin war, denn in den 1960 und 1970er-Jahren waren Dosen, Tiefgefrorenes, also Convenience-Food im weitesten Sinne, »mega in«. Manche Menschen erinnern als den Geruch der Kindheit Pfannkuchen, Gulasch, Sugos. Ich erinnere den Duft von Hühnerbrühe mit Karotten, denn für den Hund wurde stets frisch gekocht. Nie fehlte der Zehn-Liter-Topf auf dem Gasherd, der leise vor sich hin simmerte. Darin ein blasses Suppenhuhn, das sich in Unmengen Petersilie verheddert hatte und von Karotten, Sellerie und Kartoffeln umschwommen wurde wie der Hai von den Putzerfischen. Es duftete köstlich, immer. Die Dackel, die in den Genuss des Brühhuhns kamen, wurden alle sehr, sehr alt, 17, 18 und 19 Jahre. Gut, so ein Suppenhuhn gibt für einen Dackel locker drei Portionen her. Billig und gesund. Aber was tun, wenn der Hund ein Stockmaß von 80 Zentimetern hat?

Selbst zubereitetes Futter – da weiß man, was drin ist!

Als ich selbst eine Familie gründete, war ein nicht zu übersehendes Mitglied unser Leonberger Wambo. In seinen guten Zeiten wog der gutmütige Riese 80 Kilo und fraß in einer Portion in etwa so viel, wie ein ausgewachsener Mann über den Tag hinweg isst. Mit Suppenhühnern kamen wir da nicht weit. Ich wurde Kunde der Freibank und schleppte Zungen, Pansen, Rinderherzen, bisweilen auch Teile eines Pferdes nach Hause. Jugendherbergssäcke mit Haferflocken wurden angeschafft und Karotten haben wir nur noch in Steigen gekauft. Dem Hund hat es getaugt, nur wir wurden etwas atemlos. Irgendwann sind wir auf Trockenfutter umgestiegen. Der Hund bekam bald seltsame Pusteln unter seinem dicken Fell, schuppte sich und die Nase triefte. Vom Eigengeruch ganz abgesehen, der durch Winde aller Art getoppt wurde. Wir fingen wieder mit dem selbst zubereiteten Essen an, auch

wenn Pansen als Raumduft eher in die Paläo-Ecke gehört. Der gute Riese wurde fast 13, was für einen Hund dieses Schlags enorm ist. Natürlich haben wir es auf viel Liebe, aber eben auch aufs Futter zurückgeführt.

Ich will nicht verhehlen, dass ich mittlerweile ein Freund guten Dosenfutters bin. Da hat sich auch in den letzten 15 Jahren enorm was getan am Markt. Meine kleine Mischlingshündin Olga ist an wechselnde Küche gewöhnt. Mal frisst sie begeistert trocken, dann wieder probiert sie tapfer, was ich da so zusammenkoche. Sie ist wie jeder Hund ziemlich fleischaffin, kann aber auch tagelang von Hüttenkäse und Babykarotten leben. Jetzt in ihrer Seniorenzeit koche ich mehr, als dass ich roh füttere. Es verdaut sich einfach leichter für sie.

Hunde sind wie Kinder, man muss ihnen auch Sachen anbieten, auf die sie sich vielleicht nicht als Erstes stürzen. Angeboten wird natürlich nur, was der Hund verträgt (siehe S. 114). Und was für seine Größe, sein Alter und seine Konstitution angemessen ist. Wobei die Größe des Hundes nicht immer ausschlaggebend ist. Ein kleiner, lebhafter Chihuahua, der viel rennen darf, wie es seine frühere Berufung als Rattenfänger auch vorsah, kann erstaunliche Portionen verdrücken, während ein träger Bernhardinersenior nicht unbedingt ein Fass an Essen braucht. Eine Maßtabelle mit ungefähren Richteinheiten hilft aber beim Zubereiten (siehe S. 37). Ansonsten ist Augenmaß, Hundekenntnis, Menschenverstand und ein bisschen Liebe zu den Lebensmitteln erforderlich, wenn man den kleinen vierbeinigen Liebling selbst bekochen will. So wenig, wie wir unser Essen jeden Tag auf ausgewogene Vitamingabe, Nährwert und Fettgehalt untersuchen, so wenig muss man es beim Hund machen, außer der Hund ist ein echter Arbeiter und verbraucht jede Menge Kalorien, ist trächtig oder auf Diät. Hunde hätten es im Laufe ihrer 40 000 Jahre nicht so weit gebracht, wären sie recht heikel. Und doch ist es heute nicht nur eine spleenige Laune, wenn man für den Hund kocht: Es ist in der Regel preiswerter, nachhaltiger, umweltschonender und gesünder. Vom geschmacklichen Mehrwert ganz zu schweigen: Wuff!

Ihre Christine Paxmann

Hundeessen

EINE FRAGE DER HALTUNG?

- Vom Wolf zum Hund
- Das kann Hund gut verdauen
- Sich lockermachen für den Hund
- Die Historie des Hundefutters
- Für und wider Barfen
- Ist Fertigfutter bäh?
- Für und wider vegetarisch
- Die Mischung macht´s
- 16 goldene Hunderegeln
- Für Hunde geeignet
- Das braucht der Hund täglich
- Die Ernährungsumstellung
- Die ideale Hundebowl
- Was man alles braucht

Vom Wolf zum Hund

WIR LEBEN JA AUCH NICHT MEHR IN DER STEINZEIT, WAS UNSERE ERNÄHRUNG BETRIFFT

Den Hund ausschließlich roh, ausschließlich vegan zu ernähren – viele Expert*innen warnen davor. Gleichzeitig stellen viele Menschen ihren eigenen Speiseplan auf weitgehend vegetarische Kost um, aus den unterschiedlichsten Gründen. Sehr häufig sind es unwürdige Haltungsbedingungen, Schlachtmethoden und Tiertransporte, die zu einem Umdenken geführt haben. Es ist nur natürlich, dass diese Menschen auch ihrem Hund ein Futter geben möchten, das dem Tierwohl und einem nachhaltigen Leben entspricht.

Vielleicht ist es dabei hilfreich, wenn man sich einmal klarmacht, dass unsere heutigen Hunde zwar von den Wölfen abstammen, heute aber keine Wölfe mehr sind. Sie haben sich Jahrtausende an das Leben der Menschen angepasst, wurden domestiziert und haben sich auch dem Essensangebot gefügt, das da eben war. Und Fleisch war auch für unsere Vorfahren immer eine Rarität. Es ist unwahrscheinlich, dass ein kostbares Lebensmittel verschwenderisch an Hunde verfüttert wurde. Wir wissen, dass Wurzeln, Knollen, Beeren, Kräuter und auch Getreidesorten den menschlichen Speiseplan bestimmt haben. Gewürze konnten sich nur wenige leisten, Salz noch weniger, so waren die Speisen meist ungesalzen und mild. Wenn für die Hunde dann Speisereste übrig blieben, waren es Suppen, Breie, Eintöpfe, meist ohne Fleisch. Dass sich die Haushunde Ratten, Mäusen oder Wild dazu gefangen haben, war die Ausnahme.

Wir können also davon ausgehen, dass Hunde nicht sehr wählerisch waren, was ihr Futter betraf, und so wurden sie zu Allesfressern. Es gab, was es gab. Im Lauf der Zeit hat sich diesem Speiseangebot auch das

Gebiss angepasst. Neben Fangzähnen weist das Hundegebiss durchaus Zähne auf, die zum Zermahlen von Grünzeug geeignet sind und zum Zerkleinern. Auch wenn der Hund von Haus aus ein Schlingfresser ist, hat er sich angewöhnt zu kauen. Schließlich lauert die Gefahr nicht mehr hinter jedem Busch, wenn der Fressnapf an einem ruhigen Ort in der Küche steht.

Schauen wir uns also unaufgeregt verschiedene Ernährungsmethoden an. Und eine ganz besonders: selber kochen für Hunde. Denn hier kommen viele Vorteile zusammen.

Das kann Hund gut verdauen

DAS HÜNDISCHE VERDAUUNGSSYSTEM

Auch wenn der Hund nicht ausschließlich Fleisch braucht, so ist sein Verdauungsapparat nicht für Heu, Getreide und kauintensive Produkte geeignet. Doch Hunde wären im Lauf ihrer Geschichte nicht so weit gekommen, wenn sie nicht auch ein Stück anpassungsfähig wären.

Bei Hunden erledigt die Hauptarbeit der Verdauung der Dünndarm. Das Gebiss und die Zunge nehmen Nahrung auf. Im Maul wird das Futter lediglich zerkleinert, bevor es über die Speiseröhre in den Magen geleitet wird. Speichel und Schleim, den die Ohrspeicheldrüse erzeugen, lässt die Nahrung besser rutschen und enthält ebenso wie die Magensäfte nur wenig Enzyme zur Nahrungsaufspaltung, das wird erst im Darm erledigt. Der Hundemagen hat aber eine andere Eigenschaft, die für den Allesfresser lebenswichtig ist. Die Konzentration von Salzsäure ist im Hundemagen sehr hoch. Das heißt, dort werden Keime abgetötet, auch schon leicht gammeliges Fleisch wird genießbar gemacht und Knochen werden damit aufgespalten. Auch aufgetautes Fleisch, das wieder eingefroren und erneut aufgetaut wird, ist für den gesunden Hund kein Problem. Auf unregelmäßige Futterzufuhr ist der Hundemagen ebenfalls bestens vorbereitet: Er kann sich extrem ausdehnen, falls nach einer Hungerphase genügend Fressen kommt. Deshalb fehlen auch Rezeptoren, die dem Hund ein Sättigungsgefühl signalisieren. Viele Hunde sind noch dazu »Schlinger«. Im ungünstigsten Fall kann sich ein Hund überfressen. Dreimal täglich kleinere Portionen füttern kann davor schützen.

Sobald das Futter den Magen verlässt, beginnt im Darm der sehr kurze Verdauungsprozess. Gärkammern fehlen gänzlich im Hundedarm, weshalb er schwer Verdauliches wie Getreide und Stärke nur in Maßen aufnehmen kann. Oder in Zahlen ausgedrückt: Während Fleisch innerhalb von 24 Stunden durchverdaut ist, bleibt Getreide vier bis fünf

Tage im Verdauungstrakt liegen und wird unverdaut wieder ausgeschieden. Fleisch hilft dem Hund bei der Verdauung, es regt die Produktion von Verdauungssäften an. Deshalb ist eine gesunde Mischung aus fleischlicher und pflanzlicher Kost hilfreich.

Auch Milchiges ist weitgehend nichts für Hunde. Milch enthält Laktose, die durch das Enzym Laktase verdaut wird. Diese Eigenschaft zur Milchverarbeitung haben nur Welpen und eben auch nur so viel, dass die Muttermilch verdaut werden kann, die weit weniger Laktose enthält als Kuhmilch. Beim erwachsenen Hund bildet sich die Laktaseproduktion zurück. Er kann dann nur noch Milchprodukte mit wenig Laktose verdauen wie zum Beispiel Quark, Joghurt, Hüttenkäse. Das sind wertvolle Eiweißlieferanten, doch auch sie sollten nur in Maßen eingesetzt werden, um den Verdauungsapparat nicht zu beanspruchen.

Expert*innenrat

Häufige Verdauungsprobleme beim Hund sind z. B. Dysbakterie – der Hund frisst Erde und Kot und versucht so instinktiv, Mikroorganismen aufzunehmen. Bei Erkrankungen des Pankreas sondert der Hund große Kotmengen ab, oft schaumig und mit unverdautem Futter. Bei einer Entzündung der Magenschleimhaut frisst der Hund viel Gras und trinkt sehr viel. Das Gras hilft dem Hund bei der Regulierung der Verdauung. Schonkost in solchen Fällen kann ein Mix aus hoch verdaulichem Eiweiß und Kohlehydraten sein: z. B. helles Fleisch (Huhn, Pute, Fisch), Hüttenkäse/Joghurt und klebriger Reis (kein Vollkornreis) oder gekochte Kartoffeln.

Sich lockermachen für den Hund

DIE VORTEILE DES SELBERKOCHENS

Wer sich einen Hund zulegt, wird jede Menge guter Ratschläge bekommen, auch was die Nahrung betrifft. Das gilt natürlich nur für »Hundeeleven«, allen anderen traut man zu, dass sie schon wissen, was gut für ihren geliebten Vierbeiner ist. Weder das eine noch das andere muss zutreffen, gerade was Füttern betrifft. Aber in einem sind sich alle einig: Es soll alles enthalten, was Hund braucht, damit er schlank, fit und möglichst alt wird. Die meisten vertrauen auf Fertigfutter, ob feucht oder trocken – da wird schon alles drin sein? Echt jetzt?

Eine andere Expertengruppe hat sich dem Barfen, also dem Rohfüttern verschrieben. Und wer aus finanziellen oder anderen Gründen nicht wählerisch sein kann, füttert der geliebten Schnauze, was halt so da ist. Aber je mehr Auswahl, desto größer die Unsicherheit und so schießen die Ernährungsberater für den Hund wie Pilze aus dem Boden. Denn immer mehr Hunde sind zu dick oder haben Mangelerscheinungen, Allergien oder Wehwehchen. Man fragt sich schon, wie es die Spezies Haushund 40 000 Jahre lang geschafft hat, mit seinen Menschen auszukommen?

»Anpassung« ist das Zauberwort und deshalb machen auch unsere modernen Vierbeiner so ziemlich jede Mode mit, die wir uns einfallen lassen. Von Hundepartys bis Daunenanzüge, von Welpenstube bis Hundewaschanlage, von Veganfutter bis grammgenaue Fleischdiät. Man kann den Hunden gar nicht oft genug danken für ihre Geduld. Höchste Zeit, *back to the roots* zu gehen und das Futter unserer Vierbeiner selber zu kochen. Vielleicht nicht immer und überall, aber immer öfter. Futter, das wir selber kochen – da wissen wir auch was drin ist. Selber kochen für Hunde hat neben der Transparenz noch weitere Vorteile. Man kann saisonal und Produkte aus der Region einkaufen, mal mehr, mal weniger oder auch gar kein Fleisch verwenden und wer ein bisschen Spaß am Kochen hat, lässt sich raffinierte Kombis einfallen. Voraussetzung gibt es nur eine: Man muss wissen, was Hund verträgt und was nicht (siehe S. 114ff.). Und man sollte Mut zur Vielfalt haben. Wer Tag ein, Tag aus nur Huhn mit Reis und Karotte kocht, macht nichts verkehrt, lässt aber ein paar Dinge weg, die Hund braucht. Man muss aber nicht mit der Ernährungstabelle die Menüs planen, jeder Hund verkraftet es, wenn mal ein Spürchen weniger Magnesium im Fressi ist oder nicht ganz so viele ultratolle Omega-3-Fettsäuren. Es müssen auch nicht exotische Früchte oder Getreide gekauft werden, die mit teuren Ölen den idealen Schlabbermix ergeben. Tatsächlich ist mit saisonalen und regionalen Produkten eine ausreichend gute Basis da, um Futter herzustellen, das – versprochen – von jedem Hund mit der allergrößten Leidenschaft gefressen wird.

Jeder Hundemensch wird bald herausbekommen, wonach sich der kleine oder auch große Fellliebling die Schnauze leckt. Wer sich dennoch nicht ohne Expertenrat an die Hundehausmannskost wagen will, kann einen Ernährungsplan erstellen lassen. Viele Veterinärinstitute, aber auch private Anbieter leisten das. Gesunde erwachsene Hunde können in der Regel gut mit wechselndem Futter umgehen. Wer einmal im Wechsel Trockenfutter, Dosenfutter und Selbstgekochtes verfüttert hat, wird merken, was am schnellsten verputzt wird.

Wichtig ist beim Selberkochen, die Portionen neu zu berechnen. Erfahrungswerte aus der Dosenfütterung fallen da raus – Selbstgekochtes sieht mengenmäßig immer üppiger aus, als es ist. Hierbei helfen Mengenangaben und Umrechnungstabellen und ein wenig Fingerspitzengefühl.

Erneut hilft uns beim Kochen für den Hund seine sprichwörtliche Geduld, die ihn seit Jahrtausenden zu unserem treuen Begleiter macht. In der Regel wird er nicht meckern über das, was wir ihm vorsetzen. Ganz im Gegenteil: Er wird schon recht bald kapieren, wenn für ihn aufgekocht wird. Am Geruch, an unseren Bewegungen, dem Rühren im Topf und vielleicht auch am Geräusch des Zerkleinerers, der das Fressi mundgerecht macht.

Die Historie des Hundefutters

DER LANGE WEG ZUM DOSENFUTTER UND WIEDER ZURÜCK

Hundebesitzer wollen gerne alles richtig machen und so gilt die Devise: Für meinen Liebling nur das Beste. Das reicht von teurem Trockenfutter über Barfen bis hin zu Leckerlis als Erziehungsbelohung. Dass es industrielles Hundefutter erst seit rund 150 Jahren gibt und Dosenfutter überhaupt erst seit 100 Jahren, ahnen die wenigsten, die heute in den großen Tierbedarfsmärkten die Wahl haben, für welche Supermarke sie sich entscheiden sollen. Schauen wir in die Geschichte unserer domestizierten Vierbeiner, ergibt sich für Jahrtausende ein anderes Ernährungsbild als heute.

Unsere heutigen Hunde, auch wenn sie so unterschiedlich aussehen, stammen von Wölfen ab. Forschungen haben ergeben, dass unterschiedliche Wolfsrassen in aller Welt diverse Haushunderassen hervorgebracht haben. Wölfe in Afrika haben für hitzeresistente Rassen, arktische Wölfe für fellreiche Rassen gesorgt. Wie die Annäherung von Wölfen an den Menschen stattfand, ist bis heute nicht erforscht. Eventuell haben neugierige, friedliche Exemplare die Nähe der Menschen gesucht, auch weil es dort Essbares gab. Eventuell haben aber auch die frühen Menschen Wolfswelpen großgezogen und an sich gebunden. Vielleicht auch beides. Als 7500 v. Chr. der Getreideanbau begann und die Menschen sesshaft wurden, bekamen vermutlich auch die mitgeführten Hunde getreidehaltige Nahrung. Denn Fleisch war kostbar und zwar bis in die 1950-er Jahre. Frühe Kynologen wie Arrian (etwa 85–145 n. Chr.) lobten Getreidefutter. Die Menschen selbst ernährten sich weitgehend fleischlos, von Gerste, Hafer, Dinkelbreien und -broten. Geschmack kam durch Knochensuppen dazu. Es ist anzunehmen, dass die Hunde Ähnliches zu essen bekamen. Gewürze und Salz waren sowieso teuer, so wurde das Menschenessen lediglich durch Kräuter gewürzt.

Das mit den Kräutern merken wir uns. Jagdhunden wurde früher wenig Fleisch gegeben, schon gar nicht das der erlegten Tiere – das Wild selbst gehörte den Wohlhabenden, denn die Jagd war jahrhundertelang nur dem Adel vorbehalten. Hirtenhunde sollten auch nicht auf den Fleischgeschmack kommen, zu groß war die Gefahr, dass sie eines der zu bewachenden Schafe als Snack nahmen.

Albertus Magnus (1200–1280) machte sich bereits im Mittelalter Gedanken über bestimmte Diäten für trächtige und stillende Hündinnen und deren Welpen. Er empfahl die Beigabe von etwas Ziegen- oder Pferdefleisch und Molke zu den Getreidebreien oder -broten. Auch mehrmaliges Füttern am Tag in kleinen Portionen und nicht allzu fettes Fleisch sowie saubere Näpfe und stets eine saubere Wasserquelle hören sich doch sehr modern und durchdacht an?

So bequem es ist: Dose auf, Futter in Napf, glücklicher Hund. Was da oft alles drin ist: Schlachtabfälle, schlechte Fette, Füllmaterial und Tiermehl. Auch weil unsere Hunde so anpassungsfähig sind, fressen sie, was wir ihnen vorsetzen. Gut ist das nicht immer.

Erst Mitte des 19. Jahrhunderts entwickelte James Spratt in England das erste Trockenfutter. Im Ersten Weltkrieg wurden Kriegshunde – allein in Deutschland waren 30 000 im Einsatz – mit 1,3 Milliarden Hundekeksen versorgt. Nach dem Ersten Weltkrieg kam 1922 das erste Dosenfutter auf den Markt, das reichlich Pferdefleisch enthielt. Nach dem Siegeszug der Autos lieferten viele verbrauchte Pferde aus Kriegszeiten den Rohstoff. Ab 1950 wurde in Deutschland Trockenfleisch und -futter für Hunde angeboten. Bis dahin wurde für den Hund mitgekocht. Angesichts von Lebensmittelknappheit war das hauptsächlich fleischlose Kost.

Sämtliches industrielles Futter, das wir heute kaufen können, ist bis 70 °C erhitzt. Da rein fleischliches Dosenfutter teuer ist, werden heute häufig minderwertige Fette, zu viel Getreide und auch Geschmacksverstärker zugegeben. Viele Hunde reagieren allergisch auf industrielles Futter, für das man schon ein Diplom in Lebensmittelchemie haben müsste, um alle Ingredienzen zu verstehen.

Anfang der 2000er-Jahre entwickelte sich dann der Boom des Barfens, also Füttern mit rohen Zutaten oder gar nur Fleisch. Verfechter des Barfens loben die den Wölfen angepasste Struktur des Essens. Nur sind unsere heutigen Hunde nur mehr zu einem Bruchteil Wölfe. Stoffwechsel, die Möglichkeit zur Aufspaltung von Enzymen, der Darmtrakt sowie Zähne haben sich im Lauf der Jahrtausende angepasst und lassen Haushunde Allesfresser sein. Im Übrigen ähnlich wie die Wölfe, die sich bei schlechter Jagdlage auch von Beeren, Honig, Insekten und Wildkräutern ernährt haben und es bis heute tun.

So wie wir auch bei menschlichem Essen eine Rückkehr zu frisch Zubereitetem sehen, weg von Convenience-Food und vorbehandelten Lebensmitteln, liegt frisch zubereitetes Fressen für unsere vierbeinigen Lieblinge voll im Trend. Noch dazu ist es preiswerter als gekauftes Futter, es lässt sich dank heutiger Vorratsmethoden gut einfrieren und selbst die alte Methode »Eine Speise für Hund und Mensch« kommt wieder zu Ehren. Vieles, was für uns Menschen gilt, gilt auch für Hunde.

Superfood wie Blaubeeren sind ideal für Hunde. Smoothies ergeben eine kalorienarme Zwischenmahlzeit, gekühlt im Sommer als Erfrischungsdessert. Und der gute alte Hundekuchen kann als Karotten-Kokos-Kräuter-Snack in Knochenform auf den Festtagstisch.

Die Bedeutung von Kräutern und reichhaltigen Ölen in der Hundenahrung ist das Geheimnis der entspannten Ernährung für Hunde. Wer seinem wedelnden Liebling etwas Gutes tun möchte, der setzt ihm einfach einmal das eine oder andere Rezept vor. Es würde mich wundern, wenn dabei nicht leidenschaftliche Testesser herauskämen.

Für und wider Barfen

ALLES ROHE IN DEN NAPF? WIE VIEL PALÄO BRAUCHT DER MODERNE HUND?

Über die Fütterung von Hunden werden heute heftige Diskussionen geführt – »einfach füttern« ist nicht mehr. Während ein großer Teil der Hundemenschen seinen Vierbeiner trocken ernährt, ein weiterer jeden Tag zur Dose greift und so mancher Hundbesitzer ganz vegan unterwegs ist, sind die Barfer der Meinung, ihren Hund wolfsartgerecht zu ernähren, wenn Fleisch und Beilagen ausschließlich roh verzehrt werden. So bestechend der Argumentationsansatz ist, auf die wölfischen Ursprünge des Hundes zurückzugehen, so sehr ist er auch anfällig für Kritik. Wir Menschen ernähren uns schließlich auch nicht mehr wie unsere Vorfahren.

Du bist kein Wolf mehr, also gibt es heute Gemüse!

Rohes Fleisch als Futterbasis ist heikel in der Zubereitung, unpraktisch auf Reisen und schließlich bleibt auch hier die Frage nach der Herkunft. Artgerechte Tierhaltung macht Fleisch teuer – ein Luxus, den sich nicht jeder Hundebesitzer leisten möchte und kann. Kommt noch hinzu, dass sich ein immer größer werdender Anteil der Bevölkerung ausschließlich vegetarisch oder gar vegan ernährt – da wollen sie bei ihrem Vierbeiner keine Ausnahme machen.

Aber kann ein Hund ausschließlich vegetarisch, gar vegan, ernährt werden? Wie wir an der Geschichte der Haushunde gesehen haben, waren die treuen Begleiter des Menschen immer auf das angewiesen, was die menschliche Speisekammer hergab. Das war im seltensten Fall Fleisch. Es ist also davon auszugehen, dass es Hunde durchaus vegetarisch durchs Leben schaffen. Doch wie bei uns Menschen auch, steigt die Lebenserwartung unserer Hunde aufgrund guter Lebensumstände. Wir wollen unsere Lieblinge lange bei uns behalten. Also wollen wir eine ausgewogene Ernährung für sie. Das kann zu aberwitziger Grammmessung, Vitaminbesessenheit und Ernährungsplänen führen. Doch

berechnen wir jeden Tag unseren Bedarf neu und sortieren, was wir dürfen und was nicht, außer wir unterziehen uns einer scharfen Diät?

Was wir also brauchen, ist ein entspannter Umgang mit dem Futter für unsere besten Freunde. Eine ausgewogene Mischung – sofern der Hund den Wechsel verträgt – aus selbst gekocht, roh gefüttert, vegetarischen Grundrezepten und ein wenig Basiswissen, was dem Hund guttut und was nicht. Da kann es sein, dass unsere kleinen Feinschmecker mal den einen Tag ein gemüsebasiertes Futter im Topf finden, den anderen Feines vom Wild oder alles, was der Obstgarten hergibt. Milchiges wie Hüttenkäse, Molke und Buttermilch darf da durchaus auch dabei sein, verfeinert mit Kräutern und Ölen. Hunde, die selbst zubereitetes Essen bekommen, haben schon nach kurzer Zeit einen feinen Sinn für Geschmack. Da genügt es, wenn einer Gemüseterrine mit wenig Fleisch einfach noch Brühe vom Suppenhuhn beigegeben wird, und schon schmeckt das Festmahl rund, das noch dazu viel Flüssigkeit enthält.

Barfen heißt nicht, dass nur rohes Fleisch gefüttert wird. Kräuter, Rohkost, Eier dürfen auch dazu. Um einer Magendrehung vorzubeugen, sollte das Fleisch auf jeden Fall klein geschnitten sein.

Zugang zu frischem Wasser ist für Hunde essenziell. Auf langen Wanderungen im Sommer deshalb bitte immer ausreichend Wasser mitführen – Fressen muss nicht sein, die Verdauung beschäftigt den Hund, dazu braucht er Ruhe.

Denn eines brauchen Hunde, egal wie sie ernährt werden, immer: genügend frisches Wasser, auf das sie ungehindert zugreifen können. Dass sie dann immer noch gerne in Pfützen, Blumenuntertöpfen und Vogeltränken schlabbern, muss Frauchen und Herrchen nicht irritieren, wir trinken ja auch Flüssigkeiten mit verschiedenen Geschmäckern. Nur aus öffentlichen Brunnen (Chlor!), stark abgestandenen Gewässern in Nähe von Fahrzeugen oder von fremdem Blumenwasser (Dünger!) sollten sie nicht naschen. Chemische Rückstände wie Chlor, Dünger und Ölreste sind Gift für den Hund.

Nur Rohes füttern? Eher nein

WARUM GERADE DIESE METHODE EXPERT*INNENRAT BRAUCHT

Etwa 25 Prozent aller Hundehalter barfen (Abkürzung für *biologically appropriate raw food)* ihre Lieblinge. Das heißt, es werden nur rohe Zutaten verfüttert. Viele misstrauen industriell erzeugtem Futter, manche halten diese Fütterungsart für wolf- und somit artgerecht, andere wollen ihrem Liebling schlicht das Beste vom Besten zukommen lassen, also recht viel Fleisch. Wer sich auskennt oder gut beraten hat lassen, wer einen stabilen erwachsenen Hund hat, kann mit der Methode gut leben. Doch immer mehr Menschen bringen ihren Vierbeiner samt Barfprofil (Blutbild mit Wertetabelle) zum Ernährungsprofi, weil es Probleme gibt. Nierenleiden wegen zu viel Eiweiß (Fleisch), Blasensteine und Verdauungsbeschwerden wegen zu viel Knochenbeigabe, Fell- und Hautprobleme, weil bestimmte Vitamine fehlen. Bei jungen Hunden zeigen sich auch Schäden am Skelett.

Unsere heutigen Haushunde sind aber durchaus in der Lage, Pflanzliches zu verwerten, und brauchen es auch, um »gut zu funktionieren«, ja, manche bekommen auf rohes Fleisch sogar Durchfall. Bei häufigem Füttern von Schlundfleisch kann es zu einer Schilddrüsenüberfunktion kommen, da es jede Menge Schilddrüsenhormone enthalten kann. Es ist also alles eine Frage der richtigen Dosierung.

Wer barfen möchte, sollte sich auf jeden Fall fachlich beraten lassen.

Expert*innenrat

Petra Kölle, Privatdozentin und Oberärztin der Abteilung für Ernährungsberatung an der Medizinischen Kleintierklinik in München, erklärt in einem Interview mit der Firma Warentest, dass reine Rohfütterung unter Umständen zu großen Problemen führen kann. Ältere Hunde bekommen zu viel Eiweiß, Knochenzugabe führt zu Verstopfung, junge Hunde wachsen zu schnell. Fazit: Wer seinen Hund barfen möchte, sollte sich fachlich beraten und einen Ernährungsplan erstellen lassen. *(Siehe auch: https://www.test.de/Nassfutter-Hund-Test-4817396-4817404/)*

Ist Fertigfutter bäh?

AUS DEM SACK UND AUS DER DOSE – FERTIGFUTTER IST NICHT GLEICH FERTIGFUTTER

Die Herstellung von Fertigfuttermitteln für Tiere ist in Deutschland gesetzlich geregelt. Danach dürfen für Heimtierfutter nur tierische Nebenprodukte verwendet werden, die auch für den Menschen genusstauglich sind. Innere Organe wie Herz, Leber, Milz und Nieren werden oft zu Tierfutter verarbeitet. Diese Schlachtnebenprodukte sind ausreichend vorhanden – kein Tier wird nur für die Herstellung von Hundefutter geschlachtet.

Auf dem Markt des Fertigfutters hat sich viel getan in den letzten 20 Jahren. Nicht nur preislich. Wer seinem Hund und der Umwelt etwas Gutes tun will, kauft Bioprodukte, auch wenn sie aus der Dose kommen. Schier unüberschaubar ist der Markt der Anbieter geworden, die auch vor hochpreisigen Ingedienzen nicht haltmachen. Ist also Dosenfutter eigentlich das Beste oder gar Futter aus dem Sack, also große Mengen Trockenfutter, die beim Füttern von großen oder vielen Hunden zum Einsatz kommen?

Eine umfangreiche Studie der Firma Warentest aus dem Jahr 2022 belegt, dass nicht immer der Preis aussschlaggebend ist, ob die Gehalte an Energie, Mineralstoffen, Vitaminen und Spurenelementen stimmen. Außerdem analysierte die Studie, ob Schadstoffe oder unerwünschte Bestandteile wie Federn, Horn und Borsten enthalten sind. Auch Werbeversprechen wie »getreidefrei«, vor allem bei Trockenfutter, und »ohne Zuckerzusatz« wurden überprüft, wobei unsere heutigen Haushunde Getreide in Maßen durchaus verkraften. Wer weniger Testergebnisse lesen möchte, für den kann ein Gradmesser auch die eigene Nase sein; riecht das Futter appetitlich, kann so viel Verkehrtes nicht drin sein. Bei einem entspannten Mix aus Trockenfutter, Dosenfutter und selbst zubereitetem Fressen sollte in der Summe so viel nicht schiefgehen. Erfreulich ist bei dem Test, dass einige preiswerte Discountfutter gut abschneiden. Das ist auch für die kleine Haushaltskasse erschwinglich. Und sind wir mal ehrlich: Es muss nicht Straußenfleisch sein für den Hund. Und nicht Distelöl, ein Rapsöl tut es auch. *(Warentest 2022: https://www.test.de/Nassfutter-Hund-Test-4817396-0/?wt_mc=paid.sea)*

Für und wider vegetarisch

FLEISCHLOS MIT HUND? GEHT DAS? DARF DAS?

Eine wissenschaftliche Feldstudie hat ergeben, dass es durchaus möglich ist, seinen Hund vegetarisch zu ernähren. Damit es nicht zu Mangelerscheinungen oder Fehlernährung kommt, muss allerdings sichergestellt werden, dass der Bedarf an Vitaminen und Mineralstoffen passt und alle Bestandteile im richtigen Verhältnis zueinander vorkommen. Wer also seinen Hund ausschließlich vegetarisch ernähren möchte, sollte ein paar Dinge beachten.

Viele Menschen, die sich heute rein vegetarisch ernähren, wollen auch ihre vierbeinigen Lieblinge nicht mehr mit Fleisch füttern. Deshalb wird das Thema vegetarische, ja sogar vegane Hundekost immer präsenter.

Lassen Sie unbedingt einen wissenschaftlich erarbeiteten Rationsplan erstellen. Wichtig dabei sind die individuelle Rationszusammenstellung und die regelmäßige Gesundheitskontrolle, vor allem bei Junghunden. Diese Pläne erstellen darauf spezialisierte Tierärzte oder Ernährungsberatungen (werden oft von veterinärmedizinischen Universitäten angeboten).

Einem erwachsenen, gesunden Hund kann im gelegentlichen Wechsel zu fleischhaltigem Futter auch ein vegetarisches Alleinfuttermittel gefüttert werden. In diesem Fall sollte aber das pflanzliche Eiweiß in der Futterration mit Magerquark oder gekochtem Ei aufgewertet werden. Das gilt auch für selbst gekochtes vegetarisches Futter.

Expert*innenrat

Der Hundedarm ist viel kürzer als der des Menschen. Das heißt, dass beim Menschen beliebte vegetarische Ersatzprodukte wie Soja und Hülsenfrüchte vom Hund nicht schnell genug aufgespalten werden können. Das führt häufig zu Blähungen und Dysbakterie, also einem Ungleichgewicht der Darmflora. Bei vegetarischer Ernährung des Hundes ist von Hülsenfrüchten abzusehen. Sojaprodukte wie Tofu sind nur in Maßen einzusetzen. Von rein veganer Ernährung ist abzuraten. Ein Tipp bei allergischen Hunden ist: Insektenfutter!

Die Mischung macht's!

MUSS ES EINE HALTUNG SEIN? ODER BRAUCHT ES MUT ZUM GESUNDEN MIX?

Hundebsitzer*innen wollen heute alles richtig machen. Der Hund, der eben »im Alltag so mitläuft« ist keine Kategorie mehr. Viele Hunde sind Partnerersatz, Seelenbegleiter, Familien-Goody, Prestigeobjekt und ja, auch Statussymbol geworden. Wir wollen nicht die jeweilige Rolle hinterfragen, aber gerade auf die »richtige Fütterung« hat diese neue Wertschätzung Einfluss. Wenn sich der Mensch richtig ernähren möchte, sei es aus gesundheitlichen oder ideellen Gründen, wird auch verstärkt über richtig oder falsch im Hundenapf nachgefragt. Es gibt natürlich auch gute Gründe, heute mehr auf die richtige Hundeernährung zu achten. Hunde sind auf unsere Hilfe angewiesen – sie beschaffen sich nicht mehr ihr Futter selbst und sie haben vermehrt, wie wir Menschen auch, mit Allergien und Unverträglichkeiten zu kämpfen. Im Alltag vieler Hundebesitzer ist auch schlicht wenig Zeit, »den Hund mitlaufen zu lassen« – da müssen Hundesitter, Dog-Sharing, Futterlieferungen getimt werden. Alles Gründe, um genauer hinzuschauen, was sinnvoll ist und was nicht.

Wie wir in den vorangegangenen Abschnitten gesehen haben, hat jede der Methoden ihre Vor- aber auch Nachteile. Und wie alles, was einseitig erfolgt, kann es zu Fehlern kommen. Vielleicht und gerade deshalb ist ein gesunder Mix aus Füttermethoden eine Möglichkeit, das Hunde- und das Menschenleben zu erleichtern. Wenn wenig Zeit ist, tut es Futter aus Dose und Sack. Wer nicht viel herumreist, kann sich – sofern der Hundemagen den Wechsel verträgt – immer wieder auch einmal dem Barfen widmen, denn das roh gefütterte Fleisch hat besondere Hygieneansprüche. Wer gerade viel Zeit im Homeoffice verbringt, setzt einfach noch einen Topf auf den Herd, in dem ein paar feine Zutaten für das selbst gekochte Hundemenü blubbern. Auch ein Veggie-Day

kann eingeschoben werden – frisst der Hund an dem Tag nichts, weil ihm diese Art von Variante zu »fleischlos« ist, macht es auch nichts. Diättage verkraften unsere Hunde ausgezeichnet – ein Überbleibsel aus der Zeit, als die Hundevorfahren noch in der Wildnis lebten. Und das Schöne an der Ernährungsmischung: Man merkt schnell, welches der Menüs besser schmeckt. Selbstgekochtes hat gute Chancen auf Platz 1.

Expert*innenrat

Aus medizinischer Sicht sind Diättage nicht nötig. Unsere Hunde verlassen sich auf uns, und auch auf die tägliche Futtergabe. Das trägt zur Vertrauensbildung bei. Wenn nicht gravierende gesundheitliche Gründe vorliegen, müssen Diättage nicht sein.

16 goldene Hunderegeln

GUTE VORAUSSETZUNGEN FÜR EINEN ENTSPANNTEN HUNDEALLTAG

1 Bitte stelle mir immer genügend frisches Wasser in erreichbare Nähe, auch nachts!

2 Ich kriege mein Fressen gerne jeden Tag ungefähr zur selben Zeit.

3 Ich brauche gar nicht so viel Abwechslung. Wenn ich mal auf ein Futter eingeschworen bin, esse ich das gerne jeden Tag. Ich kann aber prima auch mal mehr, mal weniger Fleisch oder gar keines oder nur Trockenfutter essen.

4 Ich habe gerne einen sauberen Napf. Danke, dass du ihn jeden Tag auswäschst.

5 Wenn ich mal keinen Hunger habe, bricht die Welt nicht zusammen. Ich kann locker einen, sogar zwei Tage fasten. Wenn ich allerdings längere Zeit nicht fresse, dann stimmt was nicht. Vielleicht habe ich was an den Zähnen oder am Darm? Bitte geh dann zur Tierärztin mit mir.

6 Wenn ich Fressen stehen lasse, dann habe ich einfach keinen Hunger mehr. Wenn du mich gut kennst und weißt, ich fresse das später noch auf, dann lass es stehen. Sonst bitte wegräumen, vor allem im Sommer.

7 Wenn ich was nicht vertrage, merkt man das ziemlich rasch. Durchfall oder Erbrechen sind die Folgen. Harmloser sind Blähungen, auch wenn das für euch Menschen ganz schön stinken kann.

8 Manche Kollegen können ganz schön empfindlich sein. Die bekommen schon mal struppiges Fell oder Schuppen von Essen, das sie nicht vertragen. Dann sollte man es mal mit getreidefreier Kost probieren, Getreide vertragen wir Hunde nämlich nicht ganz so gut.

9 Auch wenn wir Hunde als Babys Milch bei unserer Mama getrunken haben, vertragen wir als erwachsene Hunde Milch gar nicht mehr gut. Uns fehlt einfach ausreichend

Ob große Rasse oder kleine, ob Hündin oder Rüde: Vorausgesetzt ich bin ein erwachsener Hund in den besten Jahren, dann habe ich folgende Tipps parat (für Welpen, Senioren, Hundemütter und kranke Hunde gelten andere Regeln).

Laktase, das Enzym zum Aufspalten von Milchzucker (Laktose). Bauchweh ist die Folge.

10 Zu viel Rohkost, ob Obst oder Gemüse, ist auch nichts für uns, das liegt uns lange im Magen und bleibt unverdaut.

11 Bitte biete mir nicht zu viele Leckerlis oder Extras an. Ich kann da so schlecht widerstehen. Und bei uns Hunden ist es wie bei euch Menschen: Manche brauchen Schokolade nur angucken und schon sitzen die Kilos auf den Hüften. Das gilt besonders, wenn wir kastriert sind oder eben zum Moppeligsein neigen. Apropos Schokolade: Die ist gar nichts für uns!

12 Wenn du mich mit Trockenfutter ernährst, bitte stelle mir viel Wasser daneben. Einweichen solltest du das Trockenfutter aber nicht, denn das verwässert meine Verdauungssäfte und das macht dann Probleme beim Verdauen von Eiweiß.

13 Eine Darmkur einmal pro Jahr reinigt meinen Darm und stabilisiert ihn.

14 Stell mir das Fressen bitte an einen Ort, an dem ich in Ruhe fressen kann, ohne im Weg zu stehen. Sonst bekomme ich Stress, schlinge und das kann besonders bei großen Hunden zur gefürchteten Magendrehung führen.

15 Lass mich bitte die Stunde nach dem Fressen ein Nickerchen machen. Mein Darm vollbringt dann Höchstleistungen. Da ist mir nicht so nach Spielen, Toben, Schmusen, Gassi gehen.

16 Wenn du unsicher bist, ob du mir genug zu Fressen gibst, stell mich einfach eine Zeit lang regelmäßig auf die Waage und kontrolliere mein Gewicht.

Zitrusfrüchte enthalten zwar jede Menge Vitamine, die auch für Hunde gut sind, können aber auf den empfindlichen Hundemagen schlagen. Wenn Orangen verfüttert werden, dann nur von reifen, süßen Früchten und am besten püriert. Grunsätzlich sollte Obst auf Grund des hohen Zuckeranteils nur Nahrungsergänzung bleiben.

Für Hunde geeignet

DAS DARF INS HUNDEESSEN

EIER

Eierschalen gemahlen liefern Kalzium. Sonst nur das Eigelb verwenden, rohes Eiklar können Hunde schlecht verwerten.

FLEISCH | FISCH

Blättermagen, Kopffleisch, Innereien, Muskelfleisch, Pansen (von Rind, Lamm, Ziege, Wild, Pferd), Geflügel, Fische etc.
Schweinefleisch immer kochen!

GEMÜSE

Blattsalat, Brokkoli (gekocht), Erbsen (gekocht), Fenchel, Karotte, Kartoffel, Kidneybohnen, Kürbis, Mangold, Pastinake, Salatgurke, Sellerie, Spinat, Süßkartoffel, Rote Bete, Zucchini etc.
Das darf nie in den Hundenapf: Knoblauch, Zwiebel, rohe Kartoffel.

KNOCHEN

Knochen dürfen roh gefüttert werden, wegen Splittergefahr nicht kochen oder nur die Brühe verwenden.
Röhrenknochen von Geflügel können eine Gefahr darstellen.

KRÄUTER

Alfalfa, Basilikum, Bohnenkraut, Borretsch, Brombeerblätter, Dill, Estragon, Kamille, Kerbel, Kümmel, Löwenzahn, Majoran, Minze, Oregano, Petersilie, Thymian etc.
Kräuter sind eine optimale Futterergänzung (in geringen Mengen, da die ätherischen Öle manchmal den Geschmack zu stark beeinflussen oder Reaktionen hervorrufen).

MILCHPRODUKTE

Joghurt, Hüttenkäse und Quark sind in Maßen bekömmlich und wichtig.

OBST

Apfel, Aprikose, Banane, Birne, Brombeere, Erdbeere, Heidelbeere, Hagebutte, Himbeere, Melone, Johannisbeere, Kirsche, Kiwi, Mirabelle, Pfirsich, Pflaume, Wassermelone, Stachelbeere etc.
Dieses Obst bitte auf keinen Fall: Avocado, Trauben und Rosinen!

ÖLE

Kalt gepresste Öle wie Kokos-, Schwarzkümmel-, Raps-, Lein-, Argan- oder Fischöl.

Das braucht der Hund täglich

MODERNES FUTTERMANAGEMENT

Es muss nicht bis aufs Gramm stimmen, aber schön wäre, wenn das alles täglich in einem ausgewogenen Fressnapf landet.

Eiweiß: Es setzt sich aus verschiedenen Aminosäuren zusammen, die zum Beispiel wichtig für Muskeln und Herz sind. Zehn Aminosäuren brauchen Hunde täglich, zwei wichtige davon sind Cystein und Methionin. Sie versorgen den Hund mit Schwefel. Geeignete Zutaten sind tierische Eiweiße aus Organen und Muskelfleisch.

Mineralstoffe: Dazu zählen Kalzium, Phosphor und Magnesium, von denen Hunde größere Mengen brauchen. Ausreichend Kalzium ist wichtig für das Skelett des Hundes. Der Bedarf ist dreimal so hoch wie der des Menschen. Wichtig ist auch das Kalzium-Phosphor-Verhältnis im Futter. Alle Fleischarten, aber auch Rote Bete, Kürbis, Johannisbeeren und Reis sind Lieferanten.

Spurenelemente: Dazu zählen unter anderem Eisen, Kupfer, Zink, Mangan, Kobalt, Jod und Selen. Enthalten sind die Stoffe in Leber, Wildfleisch, Fisch, aber auch in vielen Gemüse- und Obstsorten.

Fettsäuren: Hunde brauchen Linolsäure, eine ungesättigte Fettsäure, für Leber, Haut und Fell. Struppiges Hundefell kann ein Zeichen für Mangel sein. Über pflanzliche Öle im Futter lässt sich der Bedarf decken.

Vitamine: Davon brauchen Hunde jede Menge, etwa die fettlöslichen Vitamine A, D, E und K sowie die wasserlöslichen B-Vitamine und Biotin. Enthalten sind Vitamine in allem, was in eine ausgewogene Hundebowl soll: Fleisch/Fisch, Gemüse/Obst, Öle, Kräuter, Sprossen, entsprechende Milchprodukte, Eier, Vollkornprodukte.

»From nose to tail«

NACHHALTIGE FLEISCHVERWERTUNG

Viel Fleisch, das heute *nur* ins Hundefutter kommt, kam früher auch auf den Esstisch des Menschen. Doch die Liebhaber von Hirn, Schnuten, Füßen und Innereien werden weniger und somit ist die Beschaffung für den Hundenapf ein Thema.

Innereien wie Leber, Lunge, Milz, Nieren sowie Knochen, Knorpel und sehniges Fleisch, schließlich Pansen und Kutteln, aber auch Zunge, Lefze, Gurgel – kurzum, alles, was beim Menschen nicht (mehr) ganz oben auf der Speisekarte steht – sind eigentlich für Hunde eine Köstlichkeit und wertvoller Lieferant aller gerade genannten Elemente. Doch wo kriegt man das heute noch?

- Beim Metzger um die Ecke, sofern es noch einen gibt, wird man heute selten fündig. Manche Metzger haben sich allerdings auf Onlineversand spezialisiert.
- In den Tierfachmärkten ist oft tiefgefrorene Ware zu finden.
- Manche Metzger, die »From nose to tail«-Verwertung anbieten, haben auf Vorbestellung »seltene Fleischsorten« vorrätig. Manche Landkaufhäuser bieten besonderen Schlachtservice an.
- In den Wildkammern der Forstbetriebe oder Jagdgenossenschaften sind oft Wildinnereien zu bekommen.
- Hühnerklein, -leber und -herzen sind bei vielen Discountern in tiefgefrorener Form vorrätig.

Die Ernährungsumstellung

HUNDE SIND GEWOHNHEITSTIERE – UND AUCH FEINSCHMECKER

Hunde sind kleine Spießer – sobald sie sich an einen Rhythmus, an einen Ablauf und an eine Speisenfolge gewöhnt haben, sind sie nicht so leicht umzustimmen. Ausnahmen bilden Hunde mit *street credibility* und »Staubsauger«, die einfach alles und immer fressen. Aber der normal sozialisierte Haushund weiß, dass zu bestimmten Zeiten ein Napf Futter dasteht und natürlich stets erreichbar: Wasser. Wer nun beschließt, von einem Tag zum nächsten auf Selbstgekochtes umzusatteln, sollte seinem Vierbeiner eine Anpassungszeit gönnen. Nicht, weil ihm das neue Menü, die neue Bowl nicht schmecken würde – nein, auch der Verdauungstrakt unserer modernen Vierbeiner ist sensibler als bei seinen Vorfahren und reagiert durchaus auf Veränderungen.

Die Zeiten, da ein Nachfahre des Wolfs dann aß, wenn es was gab, und das fraß, was da war, sind vorbei. Unsere besten Freunde sind Sensibelchen wie wir und reagieren auf Umweltgifte, Stress und Veränderungen.

Gerade weil immer mehr Hunde unter Allergien leiden, spricht viel für die Ernährung aus dem eigenen Topf – da wissen Frauchen und Herrchen schließlich, was drin ist. Denn das ist eigentlich das einzige Geheimnis des Selberkochens für den Hund. Man muss wissen, was Hunde vertragen, worauf sie reagieren könnten und was ihnen guttut. Wenn Sie Ihren Vierbeiner also an die eigene Küche gewöhnen, tun Sie es behutsam, erst ein-, zweimal die Woche, dann immer öfter. Bei Allergikerhunden empfiehlt sich eine Ausschlussdiät – Anleitung und Pläne dafür gibt es von Fachleuten. Dabei werden in der Regel wenige Zutaten, die nicht im Verdacht stehen, Allergien auszulösen, zubereitet. Nach und nach können neue Zutaten ergänzt werden – so wird man schnell sehen, was geht und was nicht. Sicher wird es die eine oder andere Bowl geben, die Ihr Hund lieber oder nicht so gerne isst.

In der Regel gilt: Je kleinteiliger die Zutaten vermengt sind, umso einfach ist es. Diva-Hündchen kommen schon mal auf die Idee, Einzelteile auszusondern – da kann es passieren, dass das gesamte Fleisch verputzt wird, aber fein säuberlich jede Karotte und jedes Kürbisstück zurückbleiben. Wieder andere Hunde würden am liebsten ganze Gurken und Äpfel verspeisen, sortieren aber jedes Reiskorn aus. Es ist deshalb beim Füttern so wie in der gesamten Hundeerziehung: Beobachten, Beobachten Beobachten – ist das Geheimnis. Das betrifft nicht nur die Fressgewohnheiten und -manieren, sondern auch Verhalten, Fellzustand, Eigengeruch und Agilität.

Hunde sind unterschiedlich, nicht nur aufgrund ihrer Rassen und demzufolge Funktionen, für die sie einmal gezüchtet wurden, sondern auch aufgrund ihrer Sozialisation, ihres Alters und Geschlechts. Ein Jagdhund, der immer wieder energieraubende Einsätze hat, braucht ein anderes Menü als ein Bürohund. Eine trächtige Hündin hat andere Ansprüche als ein Seniorenhund, der seine graue Schnauze in Würde, aber langsam trägt. Wenn Sie nicht sicher sind, was Sie Ihrem Vierbeiner zumuten können – fragen Sie Ihre Ärztin oder eine Institution, die sich mit Hundeernährung auskennt.

Expert*innenrat

Leidet ein Hund unter Allergien, wird meist eine Ausschlussdiät verordnet. Dabei werden mindestens vier bis acht Wochen lang eine Fleisch- und eine Kohlehydratsorte gefüttert, die der Hund bis dahin nicht kannte. Dabei sollte man auch an Kauknochen und Leckerlis denken, die ebenfalls umgestellt werden auf diese eine Fleischsorte. Man nennt das Monoprotein-Diät, da häufig die Proteine allergen sind. Der Geheimtipp in schweren Fällen ist: Insektenfutter.

Die ideale Hundebowl

DIE MISCHUNG MACHT'S

In den letzten Jahren sind Bowls der absolute Renner in der modernen Ernährung. Was macht eine Bowl aus? Etwas Kohlehydrathaltiges, etwas Gemüse, etwas Cremiges, Salate und Kräuter, Sprossen und Rohkost, Gegartes und Knuspriges. Natürlich geht das nicht 1:1 bei der Hundebowl, aber der Aufbau ist ähnlich: Fleisch, Gemüse, Kohlehydrate, Rohkost und Garkost, Kräuter, Salate und als Topping jede Menge Brühe. Die Mengenverhältnisse sind variabel, Ausnahmen bilden vegetarische und Barfbowls. Mit ein wenig Ausprobieren und genauem Hingucken lässt sich recht entspannt das Idealmenü für den Vierbeiner zusammenstellen.

Im Idealfall finden sich in einer ausgewogenen Hundebowl: $\frac{1}{2}$ Fleisch, $\frac{1}{16}$ Getreide, $\frac{3}{8}$ Gemüse/Obst, $\frac{1}{16}$ Milchprodukte, Kräuter und Öle. Das ist eine grobe Faustregel, die von Tag zu Tag auch Schwankungen haben darf. Bitte nicht mit Wiegen anfangen, sondern mit gesundem Menschenverstand mischen. Ein vegetarischer Tag, ein Barftag, ein Mischkosttag – sofern der Hundemagen den Wechsel verträgt. Und wenn man das Futter selbst zubereitet, weiß man, was drin ist, und man kann dem vierbeinigen Freund etwas bieten, was Körper, Fell und Muskeln fit hält. Abgesehen vom Spaßfaktor, den Kochen für Hunde bringt – mitanzusehen, wie die Schnauzen immer aufmerksamer werden, wenn der wohlige Duft von Fleisch oder Gemüsebrühe, frischem Hüttenkäse oder Früchten durch die Küche weht, ist Belohnung für den Hundemensch und ein köstliches Versprechen für den Hund.

Ein erwachsener Hund sollte ca. 2,5 % seines Körpergewichts in Gramm pro Tag aufnehmen. Beispiel: Hund 15 kg x 2,5 % = 375 g. Das ist nur ein Richtwert!

FUTTERMENGEN BEIM BARFEN:

Kleiner Hund (bis 8 kg)

80–150 g Fleisch/Innereien
20–40 g Gemüse/Getreide
10–20 g Obst
je 1 TL Kräuter und Öle
1 TL Ergänzung*

Mittlerer Hund (bis 20 kg)

200–350 g Fleisch/Innereien
100–200 g Gemüse/Getreide
30–50 g Obst
je1 EL Kräuter und Öle
1 EL Ergänzung*

Großer Hund (bis 45 kg)

450–850 g Fleisch/Innereien
200–350 g Gemüse/Getreide
60–100 g Obst
je 2 EL Kräuter und Öle
2 EL Ergänzung*

FUTTERMENGEN BEI MISCHKOST

Kleiner Hund (bis 8 kg)

60–100 g Fleisch/Innereien
40–48 g Gemüse/Getreide
10–20 g Obst
je 1 TL Kräuter und Öle
1 TL Ergänzung*

Mittlerer Hund (bis 20 kg)

170–300 g Fleisch/Innereien
150–250 g Gemüse/Getreide
30–50 g Obst
je 1 EL Kräuter und Öle
1 EL Ergänzung*

Großer Hund (bis 45 kg)

400–800 g Fleisch/Innereien
250–400 g Gemüse/Getreide
60–100 g Obst
je 2 EL Kräuter und Öle
2 EL Ergänzung*

FUTTERMENGEN BEI VEGETARISCH

Kleiner Hund (bis 8 kg)

40–80 g Tofu
20–30 g Kohlehydrate (Kichererbsen/Linsen/Flocken etc.)
20–30 g Gemüse
20–30 g Obst
je 1 TL Kräuter und Öle
1 TL Ergänzung*

Mittlerer Hund (bis 20 kg)

80–120 g Tofu
30–60 g Kohlehydrate (Kichererbsen/Linsen/Flocken etc.)
30–60 g Gemüse
30–60 g Obst
je 1 EL Kräuter und Öle
1 EL Ergänzung*

Großer Hund (bis 45 kg)

140–220 g Tofu
70–100 g Kohlehydrate (Kichererbsen/Linsen/Flocken etc.)
60–100 g Gemüse
60–100 g Obst
je 2 EL Kräuter und Öle
2 EL Ergänzung*

* z. B. Eigelb, Sprossen oder Leinsamen

Was man alles braucht

KLEINE HELFERLEIN BEIM SELBERKOCHEN

GROSSE TÖPFE: Weil man sinnvollerweise Hundefressen immer in einer etwas größeren Menge herstellt, bieten sich große Töpfe an, in denen von Fleisch über Gemüse bis Kohlehydrate alles zusammen sieden kann.

ZERKLEINERER: Hunde sind Schlinger. Im Maul wird nichts verdaut, die Zähne dienen nur dem groben Zerkleinern. Damit es nicht zur gefürcheten Magendrehung kommt, weil Futter zu schnell aufgenommen wurde, ist es sinnvoll, Fressen zu zerkleinern. Ob Flotte Lotte oder elektrischer Zerkleinerer ist letztendlich Geschmackssache. Beide stellen eine stückige Konsistenz her, bei der einzelne Bestandteile noch sicht- und schmeckbar sind. Das gibt den Geschmacksrezeptoren des Hundes eine Aufgabe. Zwar verfügen Hundezungen nur über 1700 Rezeptoren – wir Menschen haben 9000 –, doch sie können Fruchtiges und Süßes ausmachen und herzhaft Fleischiges. Als Allesfresser sind diese Richtungen wichtig – in der freien Natur konnten so Beeren, Honig, Nektar, Kräuter und Früchte ausgemacht werden. Bitteres und Scharfes schreckt Hunde ab. Salziges können sie nicht schmecken – deshalb fressen sie auch durchaus einen herzhaften Braten mit salziger Kruste – leider vertragen sie das aber nicht.

MIXER: Hunde mit Zahnproblemen, junge Hunde und Senioren schätzen eine breiige Konsistenz, wie sie nach dem Mixen aller Bestandteile entsteht. Je weniger Flüssigkeit, desto fester und pastetenartiger wird das Fressen. Ideal auch für Smoothies und Kaltschalen. Zutaten, die von heiklen Hunden gerne »aussortiert« werden, können so »untergemixt« werden, ebenso Knorpel oder Eierschalen können so »zermixt oder gemahlen« dem Essen beigefügt werden.

MÖRSER: Eierschalen, Knorpel, Knochen, Muschelschalen, allesamt natürliche Nah-

Ein Hundebäuchlein ist ein empfindliches Organ, glaubt man gar nicht, ist aber so! Deshalb macht es Sinn, wenn wir zerkleinertes Futter bekommen. Je kleiner der Hund, desto kleiner die Stückchen.

rungsergänzungsmittel, die viel Kalzium und Magnesium enthalten, werden gemahlen beigefügt.

SCHARFE MESSER: Da manches Fleisch, das Hunden besonders gut schmeckt, zäh, knorpelig oder schlecht auszulösen ist, sind scharfe Messer ein »Muss«.

VORRATSGLÄSER: Im Küchenalltag bleiben oft Gläser mit Schraubverschluss übrig, z.B. von eingelegten Gurken. Diese können wunderbar zum Portionieren und Kühlstellen verwendet werden, wenn sie vorher gereinigt und mit kochendem Wasser ausgespült wurden.

GEFÄSSE ZUM TIEFFRIEREN: Ideal sind portionsgroße (je nach Hund größere oder kleinere) Plastikgefäße. Wer Gemüse, Kohlehydrate und Fleisch sowie Brühe einzeln aufbewahren will, nimmt verschiedene Deckelfarben und Größen. Die Bestandteile einer ausgewogenen Hundebowl können so neu kombiniert werden. Aber Achtung: Zimmertemperatur ist die Idealtemperatur für Hundeessen. Es darf weder eiskalt noch heiß sein. Da Hunde Schlinger sind, können sie sich auch bei kaltem oder sehr heißem Fressen manchmal nicht zurückhalten – mit schlimmen Konsequenzen.

OHNE KÜHLSCHRANK: Auf Reisen kann gekochtes und gut abgefülltes Hundefutter in Einmachgläsern mitgenommen werden. Es hält sich auch ohne Kühlung einige Tage. Generell gilt der Schnuppertest. Leicht säuerlicher Geruch zeigt an, dass irgendwas gekippt ist. Für uns Menschen ist »schlechter« Geruch aber noch kein Indiz: Gerichte mit Pansen oder so manchem Wildfleisch duften für Hunde himmlisch, während wir verzweifelt nach dem Raumspray suchen. Hundefutter, das portioniert abgefüllt ist, sollte keine Milchprodukte enthalten, das kann frisch beigegeben werden.

0
1
3
2

Köstliches Fressi FÜR GLÜCKLICHE HUNDE

- Rezepte mit Fleisch, die satt machen und gesund sind.
- Jahreszeitliche Zutaten sind nachhaltig und preiswerter.
- Auf Vorrat kochen spart Energie und Zeit.

Ente mit Mais und Salat

Natürlich hat man nicht immer Ente im Haus und natürlich muss kein Hund Barbarie-Entenbrust bekommen. Aber wenn der Mensch sich was Feines aus Geflügel kocht, könnte auch ein kleines Gericht für den vierbeinigen Liebling abfallen. Ente eignet sich zum Barfen ebenso wie für die gekochte Variante.

Zutaten:

65–400 g Entenfleisch

20–200 g Leber vom Wild

50–200 g Kartoffeln

50–200 g Karotten

10–40 g Biomais (aus der Dose)

520 g Granatapfelkerne

1 EL Kräuter (Petersilie, Minze, Zitronenmelisse)

nach Belieben Salatblätter

1–4 EL Distelöl

1–4 TL Joghurt

Zubereitungszeit: 30 Minuten

Kartoffeln, Karotten in wenig Wasser gar kochen, herausnehmen und erkalten lassen. Danach das Entenfleisch im selben Sud kurz ansieden, bis die Oberfläche weißlich wird. Herausnehmen und abkühlen lassen.

Mais in einem Sieb mit heißem Wasser übergießen, dann zusammen mit Kartoffeln, Karotten, Salatblättern, Kräutern, Joghurt und Granatapfelkernen im Zerkleinerer hacken, etwas Entenbrühe und Öl unterheben.

Das Entenfleisch (kann ruhig innen noch roh sein) und die rohe Leber würfeln und ebenfalls unter das Gemüsepüree heben. Lauwarm servieren und sich nicht wundern, wenn die Köstlichkeit schneller weg ist, als man das fotografieren kann.

Für die gebarfte Variante bleibt das Entenfleisch roh (bitte schnell verbrauchen), der Fleischanteil erhöht sich. Die Kartoffeln werden durch geraspelte Karotten, Maisflocken, Apfel und Hüttenkäse ersetzt.

Entenfleisch ist voller Vitamine, aber relativ fettreich. Mal zum Vergleich: 100 Gramm Entenfleisch mit Haut liefern durchschnittlich 227 Kilokalorien (Huhn: 166 kcal, Gans: 342 kcal). Neben einem hohen Nährwert liefert Entenfleisch wertvolle B-Vitamine, darunter B_1, B_2, B_6, B_{12} und Niacin.

FÜR MENSCH UND HUND

Entenbrust auf der Haut im Rautenmuster einritzen, salzen und in etwas Öl erst auf der Haut, dann rundum braun anbraten. Stets wenden. Nach ca. 5 Minuten herausnehmen, das Fleisch darf rosa sein. Den Bratensatz mit Balsamicocreme und Wein ablöschen, pfeffern. Wildsalat putzen und mit einem Dressing aus Salz, Honig, Honigsenf und Zitronensaft anmachen. Das Entenfleisch dünn aufschneiden und auf den Salat geben. Dazu Weißbrot servieren.

Gelb & Grün – Kürbishuhn!

Sind wir mal ehrlich, auch wir mögen gut duftendes, appetitlich aussehendes Hundefutter, dem man seine Bestandteile ansieht. Was da manchmal gräulich undefinierbar als Dosenfutter daherkommt, ist oft ziemlich farblos. Anders ist das bei diesem Gericht, das Hunden aller Generationen schmeckt und je nach Fleischanteil mal gemüselastig, mal fleischlastig werden kann.

Zutaten:

100–800 g Hühnerfleisch

1–5 Messerspitzen Kurkuma

8 mittelgroße Karotten

⅛-½ Sellerieknolle

20–100 g Dinkelnudeln (ohne Ei)

1–8 Würfel Tiefkühlspinat

50–500 g Kürbis (tiefgekühlt oder frisch)

TK-Kräuter wie Petersilie oder Minze, ein Blättchen Blutampfer

Rapsöl oder Leinöl

Zubereitungszeit: 45 Minuten

In einem großen Topf Wasser mit Kurkuma zum Kochen bringen. Karotten und Sellerie putzen und in grobe Würfel schneiden.

Das Hühnerfleisch zusammen mit den Karotten und dem Sellerie ins siedende Wasser geben und köcheln, bis das Fleisch nur noch innen rosa ist. Dann aus der Brühe nehmen, Karotten und Sellerie dürfen noch ein wenig weiterkochen. Dann ebenfalls herausnehmen und in der verbleibenden Brühe die Dinkelnudeln ca. 4–6 Minuten bissfest kochen.

Den Kürbis und Spinat in wenig siedendem Wasser kurz garen. Alles leicht abkühlen lassen und inzwischen die Kräuter hacken. Einige Karotten zur Seite stellen.

Das Hühnerfleisch und die restlichen Karotten würfeln und zusammen mit dem Gemüse, den Kräutern und den Nudeln in einen Zerkleinerer füllen, das Leinöl dazugeben und grob bis fein hacken. Eine Portion abmessen und mit einigen angegarten Karotten dekorieren. Lässt der Hund die Karottenstücke liegen, kriegt er sie zerkleinert in die nächste Futterportion.

Kräuter grundsätzlich nur sparsam verwenden – sie enthalten Substanzen, die auch in der Naturmedizin verwendet werden und in größeren Mengen Nebenwirkungen haben. Zu viel Petersilie kann bei trächtigen Hündinnen zu Abgängen führen. Blutampfer enthält nicht ganz so viel Oxalsäure wie Sauerampfer

und wirkt in geringen Mengen appetitanregend. Das Gleiche gilt für Spinat, der neben Beta-Carotinen auch Magnesium enthält und die Verdauung fördert. Hunde mit Nierenleiden dürfen weder Spinat noch Blutampfer bekommen.

Spinat nur gekocht und zerkleinert verwenden und nicht erneut erwärmen. Kurkuma gibt dem Essen eine appetitlich gelbe Farbe. Dem Hund ist das egal, aber das Menschenauge freut's.

Wilde Weihnacht

Wenn der Mensch feiert, soll der Hund auch was davon haben. Beim Einkauf des Wildfleischs für den Festtagsbraten fällt eine Portion für den Hund mit ab. Wild aus heimischer Region ist in natürlicher Lebensweise aufgewachsen und sein Fleisch ist mager und reich an Eiweiß und Mineralien. Natürlich bekommen Hunde dazu nicht Blaukraut oder Preiselbeeren gereicht, aber der Ersatz dafür kann sich sehen lassen. Cranberries sind ballaststoffreich und stärken das Herz. Den Freudenschlecker aber werden die vierbeinigen Lieblinge bei Maronen machen.

Zutaten:

65–400 g Wildfleisch

20–200 g Wild oder Putenleber

50–200 g Maisgrieß (zum Barfen Haferflocken)

50–200 g Fenchel, Zucchini, Süßkartoffeln (zum Barfen Karotten)

1–4 gekochte Maronen (zum Barfen Apfel)

1 TL–2 EL Distelöl

1 TL–2 EL Hüttenkäse (zum Barfen 1–3 Eigelb)

½ TL–1 EL getrocknete Cranberries

½ TL–1 EL Granatapfelkerne

½ TL–1 EL Petersilie

Zubereitungszeit: 60 Minuten

Das Fleisch und die Leber in feine Würfel schneiden und in etwas Wasser oder im Dampfgarer kurz erhitzen.

Maisgrieß in Wasser aufkochen und quellen lassen. Nach ca. 10 Minuten in eine flache Form geben und nach dem Erkalten eine Schnitte herausheben und würfeln.

Das Gemüse würfeln und kurz in Wasser erhitzen.

Maronen zerbröseln und in einer beschichteten Pfanne leicht erwärmen, der enthaltene Zucker führt dazu, dass die Maronen etwas karamellisieren (nicht rösten, Röstaromen sind nichts für Hunde).

Cranberries zerkleinern. Granatapfelkerne aus der Frucht drücken. Petersilie hacken.

Das Gemüse, Hüttenkäse, Öl, Cranberries, Granatapfelkerne, Petersilie mischen. Die Polentawürfel und das Fleisch dazugeben, ebenso etwas von der Brühe. Mit den Maronicrunchs bestreuen oder unterheben. Frohe Weihnachten, liebe Fellschnauzen!

Granatapfelkerne sind nährstoffreiches Superfood auch für Hunde. Allerdings nur in Maßen, da sie Tannine enthaltenen, die Hunde im Übermaß nicht vertragen. Maisgrieß ist eine glutenfreie Alternative für getreideallergische Hunde. Maroni sind echte Vitaminbomben und für zahnlose Senioren perfekt.

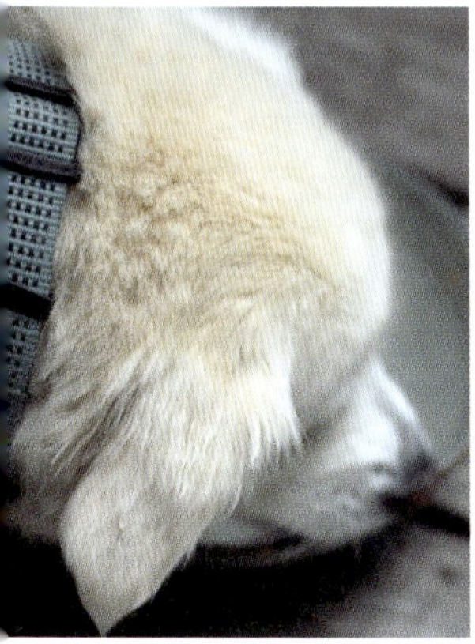

Hundeborscht

Rote Bete ist der farbige Tonangeber in einer Borschtsuppe. Dieses Superfood ist für Hunde und Menschen gesund und bekömmlich, liefert große Mengen Folsäure und Pflanzenstoffe, die das Immunsystem stärken. Appetitanregend ist der Eintopf auch – und deshalb ist unser Hundeborscht auch etwas für rekonvaleszente Tiere. Natürlich kommt in unseren Hundeborscht kein Weißkraut, weil alle Kohlsorten zu Blähungen führen. Mit dem Sellerie (der im Borscht völlig seinen Geschmack verliert, aber beim Kochen köstlich duftet), Zucchini und Süßkartoffeln ist aber für Ersatz gesorgt.

Zutaten:

50–500 g Hühnerleber

40–300 g Hühnerbrust

¼–1 Rote Bete

⅛– ¾ Sellerie

¼–1 Zucchini

¼–1 Süßkartoffel

¼ –1 Apfel

2–8 EL Naturreis

1–4 TL Petersilie

1–4 TL Hüttenkäse

½–2 TL Eierschale (gemahlen)

Zubereitungszeit: 45 Minuten

Leber und Brust in siedendem Wasser erhitzen und abkühlen lassen. Reis in doppelter Menge Wasser sieden.

Den Apfel vierteln und würfeln, das Gemüse schälen, würfeln und alles im Fleischsud garen. Die Rote Bete gibt dem Ganzen einen kräftigen Farbton. Süßkartoffel und Apfel sorgen für Geschmacksvielfalt.

Das Fleisch in sehr feine Scheiben schneiden. Das Gemüse noch einmal mit einer Gabel in kleinere Einheiten drücken, aber nicht mixen. Die fein gehackte Petersilie und die gemahlenen Eierschalen unterrühren.

Fleisch, Reis und Gemüse in eine Schüssel mischen und es mit Brühe anreichern (je nachdem, ob man es als Suppe oder feste Mahlzeit reichen möchte), einen Klacks Hüttenkäse dazugeben.

Sie werden sehen, selbst von dem stückigerem Gemüse wird nichts übrig bleiben.

Zucchini darf nur gegart verwendet werden (bittere Zucchini nicht verwenden, dann ist zu viel Bitterstoff Cucurbitacin enthalten, das auch durch Erhitzen nicht weggeht und für den Hund schädlich ist).

Die Mischung aus magerem Hühnerfleisch und Vitamin-A-reicher Hühnerleber ist ideal für Hunde jeden Alters. Je nach Fitness und »Schlankheit« des Hundes kann der fettreiche Leberanteil erhöht oder gesenkt werden.

Man kann diese tolle Mischung als Suppe mit viel Flüssigkeit servieren oder nur die festen Bestandteile durch den Zerkleinerer drehen. Hunde mit Zahnproblemen bekommen alles püriert als Pastete. Übrige Portionen tiefgefrieren. Innereien nur ein- bis zweimal pro Woche servieren, um eine Überversorgung mit bestimmten Nährstoffen zu vermeiden. Statt Hüttenkäse kann auch Magerjoghurt serviert werden. Für Hunde, die am Hüttenkäse herummäkeln, kann dieser Eiweißlieferant auch unters Essen gemischt werden.

Blue Scandinavian Bowl

Roher Fisch schmeckt den meisten Hunden richtig gut. Welcher Fisch geeignet ist, siehe bitte S. 114. Dieses sommerliche Menü kann natürlich auch in gekochter Form gereicht werden, dann lässt es sich besser portionieren und aufheben. Statt der Blaubeeren machen auch Rote Bete und Feldsalat ihre Sache gut und adeln das Gericht zum Superfood. Der Lachs kann roh und gekocht verwendet werden.

Zutaten:

- 50–400 g Kalb- oder Lammfleisch (gerne Lammrippe mit Fleischanteil)
- 50–400 g Lachs
- 2–10 mittelgroße Kartoffeln
- 1–6 EL Blaubeeren
- 2–10 Salatblätter
- etwas Petersilie

Zubereitungszeit: 20 Minuten

Die Kartoffeln gar kochen.

Das Fleisch und eventuell die Knochen in maulgerechte Stücke schneiden. Den Lachs würfeln.

Salatblätter und Kräuter im Mixer zerkleinern.

Kartoffeln abkühlen lassen und mit der Gabel zerdrücken.

Alle Zutaten mit den Blaubeeren und dem Hüttenkäse gut vermengen und sofort servieren.

Diese Bowl ist für junge Hunde, da sie viel Kalzium enthält. Für Seniorenhunde ist Fisch ein ideales Futtermittel, weil er das Immunsystem und die Hirnfunktionen stärkt.

FÜR MENSCH UND HUND

Bei diesem Gericht können wieder fast alle Zutaten auch für eine Menschenvariante genutzt werden. Auf einem Backblech die gekochten Kartoffeln in Scheiben schneiden, den Fisch dazulegen, salzen, pfeffern und ca. 10 Minuten bei 200 °C im Ofen garen. Aus Hüttenkäse und Blaubeeren mit Kräutern einen Dip rühren.

Lachs mit Pfirsichpolenta

Fisch mit Obst und dem glutenfreien Maisgrieß ist ein fixes, sehr bekömmliches Superfood. Je nach Jahreszeiten können die Obstbeigaben variieren. Salat und Kräuter geben dem Futter die nötige Frische. Zum Barfen werden einfach alle Zutaten roh verwendet und der Maisgrieß wird durch Erhöhung des Fleischanteils kompensiert, zum Beispiel mit Putenfleisch oder vegan mit Hafer- oder Kokosflocken.

Zutaten:

100–800 g Lachs, grätenfrei

30–300 g Mangold

1–4 EL Maisgrieß

¼–1 Zucchini

½–2 Aprikosen oder Pfirsiche, entsteint (alternativ ⅛–⅓ sehr reife Ananas)

2–8 Blattsalatblätter

1 TL–2 EL Eierschalen gemahlen

1–4 EL gehackte Kräuter

1 TL–2 El Öl

etwas Magerjoghurt

Zubereitungszeit: 25 Minuten

Maisgrieß in doppelter Menge kochendem, dann siedendem Wasser ca. 10 Minuten quellen lassen.

Fisch würfeln, er darf roh bleiben, wenn gewünscht.

Zucchini und Mangold in etwas Wasser kurz garen.

Aprikosen/Ananas pürieren und mit etwas Joghurt vermischen, damit die Säure nicht herausschmeckt. Zusammen mit dem Gemüse, dem erkalteten Maisbrei, Kräutern, Salatblättern, Öl sowie Eierschalenpulver im Zerkleinerer mixen. Zum Schluss die Lachswürfel unterheben und sofort servieren.

Braucht ein Hund Schonkost, wird auch der Fisch gegart. Dafür den Mangold (kann bisweilen belastend für die Nieren sein) weglassen. Bei Durchfall statt Aprikosen/Ananas einfach Banane verwenden. Sie wirkt stopfend und lindert Entzündungen der Magenschleimhaut. Auch getrocknete Bananenchips können ein Leckerli sein.

Wer seinem Hund eine Schlankheitskur gönnen möchte, lässt den Maisbrei und die Aprikosen weg. Ein- bis zweimal die Woche serviert, werden die Pfunde beim Hund purzeln, ohne dass Hungergefühle entstehen. Die Beigabe von Joghurt oder Hüttenkäse wird von vielen Hunden als angenehm empfunden.

Huhn mit Melone

Dieses Sommeressen liefert an heißen Tagen Abkühlung und Frische. Ob ein Hund Melonen (egal ob Wasser- oder Honigmelone) verträgt, kann vorab getestet werden: einfach kleine Stücke reichen. Reagiert der Hund mit Durchfall, wird bei diesem Gericht die Melone durch Gurken, Karotten und Äpfel ersetzt. Natürlich kann dieses Futter auch in der gekochten Variante serviert werden und mit mehr oder weniger Gemüseanteil. Für den Diäthund wird die zuckerhaltige Melone ebenfalls durch Gurke und mehr Fenchel ersetzt.

Zutaten:

- 80–700 g mageres Hühner- oder Putenfleisch (Brust oder Keule)
- 50–150 g Geflügelleber
- 2–10 kleine Kartoffeln
- ⅛–½ Fenchelknolle
- ¼–2 Stängel Stangensellerie
- 1–4 EL Granatapfelkerne (tiefgefroren oder frisch)
- 30–200 g Melone
- 1–4 EL Hüttenkäse/Quark
- 1 TL–2 EL Öl (z. B. Traubenkernöl)

Zubereitungszeit: 30 Minuten

Fleisch in wenig Wasser mit dem Sellerie und der gewürfelten Fenchelknolle gar kochen. Nach dem Abkühlen klein schneiden. Die Leber wird ebenfalls gewürfelt und kann roh dazugegeben werden.

Kartoffeln weich kochen.

Melone würfeln und mit den gekochten Kartoffeln und den Granatapfelkernen vermixen.

Alle Zutaten in einer Schüssel vermischen. Für Hunde, die gerne die Bestandteile heraussortieren, wird alles noch einmal durch den Zerkleinerer gejagt.

Für agile Hunde und Arbeitshunde kann der Leberanteil erhöht werden. Das Traubenkernöl bringt den Stoffwechsel in Schwung, weil es fettverbrennende Enzyme enthält.

Fenchel enthält die Vitamine C und E sowie Beta-Carotin, Eisen, Magnesium und Folsäure. Er fördert die Verdauung. Die ätherischen Öle des Fenchels schmecken vielen Hunden jedoch nicht, deshalb ist halb gekochter Fenchel ideal.

Granatapfel wirkt krebsvorbeugend. Jahreszeitlich bedingt können stattdessen auch frische Himbeeren oder Erdbeeren verwendet werden, die ähnlich wirken.

FÜR MENSCH UND HUND

Der Mensch kann sich einen coolen Mix aus rohem Fenchel, Granatapfelkernen und Putenstreifen zubereiten.

Alles köstlich vom Huhn

Unbezahlbar ist der Blick eines Hundes, sobald man Futter für ihn selber kocht. Wenn die ersten Suppenschwaden durchs Haus ziehen, Gemüse im Ofen schmort und Reis zart vor sich hin duftet. Suppenhuhn ist eine gehaltvolle und preiswerte Futtergrundlage. Knorpel, Haut, Sehnen, Kragen, Bürzel – alles kann verwendet werden. Zugegeben, ein Suppenhuhn zu entbeinen, ist ein wenig Arbeit, die sich aber lohnt. Die gehaltvolle Brühe ersetzt Fettzugaben. Je nach Alter und Temperament des Hundes können die Gemüse- oder die Fleischgaben erhöht werden.

Zutaten:

1–2 Suppenhühner, davon 150–700 g Fleisch

½–2 Karotten

7 kleine Kartoffeln

¼–1 mittelgroße Fenchelknolle

¼–1 Zucchini

¼–1 Apfel

¼–1 Süßkartoffel

¼–1 Rote Bete (vorgekocht)

¼–1 Tasse Naturreis

1 TL–2 EL Kräuter wie Petersilie, Kerbel

1–3 EL Rapsöl

Zubereitungszeit:
45 Minuten

Für die Hühnerterrine wird das ganze Suppenhuhn in einem Topf mit Wasser zum Kochen gebracht.

Dazu kommen Karotten, Fenchel, Kartoffeln und ein halber Bund Petersilie. Alles gut 2 Stunden garen lassen.

Währenddessen wird eine Auflaufform mit geviertelten Süßkartoffeln, Zucchini und Apfel befüllt. Mit etwas Rapsöl darüber bei 200 °C für ca. 20 Minuten in den Ofen.

Den Reis mit Wasser im Verhältnis 1:2 kurz aufkochen und anschließend gut 25 Minuten mit geschlossenem Deckel sieden lassen.

Ofengemüse und Reis sind vor dem Huhn fertig und dürfen auskühlen.

Sobald das Huhn zart von der Gabel geht, darf es aus der Brühe gehoben werden und auskühlen. Anschließend sämtliche Fleischteile des Huhns vom Skelett trennen und zerkleinern. Die Haut, Sehnen, Knorpel und Fett werden ebenfalls kleingeschnitten. Achtung: Hunde, die zur Moppeligkeit neigen, bekommen wenig von der Haut, sie enthält viel Fett.

Das Ofengemüse und die Rote Bete mit dem Zerkleinerer stückig schneiden, zusammen mit ein wenig Brühe und Brühgemüse sowie dem Reis in eine Schüssel geben. Immer wieder Brühe zugießen. Anschließend die Fleischstückchen und die frischen Kräuter unterheben. Als Topping kann ein Klecks Hüttenkäse darüber.

Statt dem Ofengemüse kann auch im Wasserdampf gegartes Gemüse verwendet werden – für ältere, junge und vollschlanke Hunde ideal.

Für Hunde mit Durchfall kann die Reismenge erhöht werden.

Das Superfood Rote Bete macht nicht nur einen tollen Farbton, sondern liefert Folsäure und gilt als krebshemmend. Rote Bete kann roh und gekocht gereicht werden.

Für einen Fast-Veggie- oder Diättag serviert man Reis und Gemüse nur mit Brühe und ohne Hühnerfleisch.

FÜR MENSCH UND HUND

Von der Hühnerbrühe, dem Reis und den gekochten Karotten was abzweigen, ebenfalls vom Reis und den gekochten Karotten, wer mag auch von der Hühnerbrust. Das Ganze mit Salz, Pfeffer, Kreuzkümmel, etwas Instant-Gemüsebrühe würzen, nochmals aufkochen und vor dem Servieren mit Zitronensaft abschmecken. Koriander verfeinert die Suppe ins Asiatische.

Winterschmaus

Bei diesem Gericht werden Gemüse und Früchte saisonal abgestimmt. Alternativen, die über das ganze Jahr hin funktionieren, sind getrocknete Aprikosen oder vorgekochte Maroni. Statt Zucchini dürfen es natürlich auch Steckrüben oder Tobinambur sein. Diese tolle Winterknolle ist roh und gekocht ein vitaminreicher Schmaus, der auch für Diabetikerhunde geeignet ist. Zum Angewöhnen allerdings erst einmal sparsam füttern und beobachten, wie der Hund es verträgt. Gut zerkleinerte Topinambur darf roh geraspelt täglich ins Futter – somit bleiben alle Nährstoffe erhalten.

Zutaten:

80–800 g Rindfleisch

20–200 g Rinderleber

50–100 g Vollkornnudeln

¼–1 Zucchini (oder im Winter Topinambur)

1–6 TL Mais (aus der Dose)

1–4 Maronen/Esskastanien (vorgekocht)

¼–1 Fenchel

½–4 Aprikosen

1–5 TL Petersilie und Zitronenmelisse

1–5 TL Leinöl

Zubereitungszeit:
20 Minuten

Rindfleisch würfeln und in etwas Wasser kurz garen. Rinderleber fein schneiden.

Zucchini und Fenchel würfeln. Vollkornnudeln bissfest kochen, herausnehmen, abkühlen lassen. Im selben Wasser Fenchel und Zucchini kurz garen lassen. Zuletzt den Mais dazugeben und kurz mitsieden.

Frische oder getrocknete Aprikosen entsteinen und sehr fein würfeln, die Maronen vierteln. Die Kräuter sehr fein hacken.

Das Fleisch mit dem Öl im Zerkleinerer grob hacken.

Die anderen Zutaten ebenfalls im Zerkleinerer grob mixen.

Für Genießerhunde getrennt anrichten. Hunde, die gerne die Zutaten, die nicht »Fleisch« heißen, aussortieren, wird alles zusammen gemengt in den Napf gegeben.

Esskastanien/Maronen enthalten wenig Fett, dafür aber Magnesium, Kalium, Eisen, Kalzium, Phosphor, Schwefel, Magnesium, Mangan, Kupfer sowie Vitamine: A, B, E und C. Bitte nur vollständig reife Esskastanien und dann nur gekocht verwenden.

Fenchel stärkt die Verdauung und macht die Atemwege frei. Es können auch Fenchelsamen verwendet werden – die werden gut zerstoßen dem Futter beigemengt. Auch zum Barfen ist Fenchel das Idealgemüse, das von Hunden auch roh gefressen werden darf.

Zum Barfen werden die Fleischmengen erhöht und die Vollkornnudeln, der Mais und die Maronen werden durch rohe Karotten und mehr Fenchel ersetzt. Zusätzlich darf in den Napf noch Hüttenkäse.

Süße Pute mit Quark

Diese helle und fruchtige Bowl ist etwas für heiße Tage, denn sie ist leicht und schmeckt Hunden früh morgens und am Abend – mehrmals am Tag kleine Portionen ist an heißen Tagen der bessere Fütterrhythmus. Statt frischen Beeren können auch Gurkenstückchen den Frischeanteil übernehmen.

Zutaten:

80–700 g Putenfleisch

½–3 Süßkartoffeln (mittelgroß)

1–3 Karotten

1–3 Kartoffeln

1–6 EL Magerquark

1–4 TL Petersilie gehackt

1–2 TL Traubenkernöl

1–4 Erdbeeren

Zubereitungszeit:
20 Minuten

Süßkartoffeln schälen und würfeln, Kartoffeln putzen und vierteln, Karotten putzen und stückeln. Anschließend alles in wenig Wasser gar kochen.

Die Hälfte des Putenfleischs roh beiseitestellen. Die andere Hälfte 8–10 Minuten (je nach Dicke) im Gemüsewasser mitsieden lassen.

Das rohe und gekochte Putenfleisch würfeln. Im Zerkleinerer zusammen mit dem Magerquark einmal grob zerkleinern.

Das Gemüse leicht auskühlen lassen und dann zusammen mit der Petersilie und dem Öl pürieren.

Erdbeeren fein würfeln oder pürieren. Manche Hunde mögen das Erdbeerpüree auch gesondert schlabbern.

Alle Zutaten zusammen vermengen und als Bowl servieren.

Rundliche Hunde bekommen mehr Fleischanteil, rekonvaleszente Hunde dürfen reichlich Sattmacher dazu haben.

Das Traubenkernöl macht fit und regt den Stoffwechsel an. Die Erdbeeren sind reich an Vitamin C, sollten aber nur in Maßen gefüttert werden, wegen Durchfallgefahr.

Süßkartoffeln sind Kohlehydratlieferanten, deshalb bei dicklichen Hunden nur in Maßen vewenden.

Dafür können als Beilage auch Gurken gereicht werden. Manche Hunde sind richtige Gurkenfans.

FÜR MENSCH UND HUND

Ausreichend Putenfleisch kochen. Davon eine Portion für den Hundemenschen abzweigen und mit gehackten Zwiebeln, vielen Gewürzen (Salz, Pfeffer, Kurkuma, Kardamom, Fünf-Gewürze-Pulver) kurz anbraten, Rosinen dazugeben (giftig für Hunde!), mit gehacktem Ingwer und etwas braunem Zucker bestreuen und unter Rühren karamellisieren lassen. Dazu passt Reis oder Fladenbrot mit Salzjoghurt.

Ossobuco mit Gurkerl

Zugegeben, das ist kein Gericht für alle Tage, aber wenn es vielleicht beim Hundemenschen auch einen Tafelspitz oder ein Ossobuco gibt, dann könnte ein Extratopf mit der Hundevariante abfallen. Beinscheiben enthalten Fett und Mark, was eine besonders deftige Brühe ergibt. Der Ingwer als Brühengewürz schmeckt nicht heraus und wirkt schmerzstillend, entzündungshemmend und kurbelt bei alten Hunden den Stoffwechsel an. Manchen Hunden muss man die frische Gurke klein schnippeln und unterheben, andere schlabbern die Erfrischung wie nichts weg. Einfach ausprobieren!

Zutaten:

100–800 g Fleisch von Beinscheiben und Bürgermeisterstück oder Tafelspitz

2–10 kleine Kartoffeln

1–7 Karotten

¼–1 Rote Bete

1 TL–2 EL Kräuter nach Belieben

1 Zweig Rosmarin

1–3 cm großes Stück Ingwer

1–4 Blätter Radicchio

¼–1 Bauerngurke

Zubereitungszeit:
3 Stunden Kochzeit, Zubereitungszeit nach dem Kochen ca. 15 Minuten

Alle Zutaten bis auf den Radicchio und die Gurken in einen großen Topf mit ausreichend Wasser geben und gute 3 Stunden köcheln lassen.

Nach dem Abkühlen das Fleisch von den Knochen schneiden (geht in der Regel nach der langen Kochzeit ganz leicht), das Mark abschöpfen.

Gemüse, Kartoffeln, Fleisch, den Radicchio im Zerkleinerer passieren. Das Gemisch in eine flache Schüssel stürzen und zusammen mit frischen Gurken und etwas Brühe servieren.

Das Futter lässt sich auf Vorrat herstellen. Fleischreste und die Brühe kommen noch einmal bei dem Rezept Polentanockerl (s. S. 98) zum Einsatz.

Das Mark, das ja nur einen kleinen Anteil der Fleischmasse ausmacht, enthält Kalzium und Magnesium und ist gut gegen Arthrose.

ACHTUNG: Markknochen nicht als Knabbersnack verfüttern, so verführerisch das auch sein mag.

Markknochen sind schwere, tragende Knochen und werden nach dem Kochen splitterig. Der Unterkiefer kann sich im Markkanal verfangen. Große Hunde könnten den Markknochen im Ganzen verschlucken!

FÜR MENSCH UND HUND

Dieses wunderbar weiche Fleisch samt der kräftigen Brühe ist auch für Menschen ein Gericht zum Gesundwerden. Einfach etwas Brühe in einen kleinen Topf abschöpfen, Fleischstückchen und Gemüse hinzufügen und mit etwas Salz und Pfeffer noch einmal kurz aufkochen. Zum Verfeinern kann noch frisch geriebener Meerrettich darüber. Mark soll vom Menschen nur gekocht verzehrt werden. BSE-Gefahr!

Die Schöne und das Biest

Pansen ist nicht jedermanns Sache. Dieser nährstoffreiche Teil des Rindermagens ist weder hübsch noch riecht er gut – allerdings ist er für Hundeschnauzen Parfüm! Besonders der grüne Pansen ist zum Füttern geeignet und wird in den Barf-Abteilungen der Großhändler tiefgefroren angeboten. Wer Zugang zu einer Freibank oder einem »From-nose-to-tail«-Metzger hat, der kann sich auch mit Pansen eindecken. Das sind meist große Portionen für wenig Geld und somit ideal für Rabauken mit ordentlich Stockmaß. Rote Bete und Granatapfel geben dem Gericht Pep und Vitamine.

Zutaten:

65–400 g Pansen

100–400 g Rindfleisch

1–4 Spinatwürfel

¼–1 Rote Bete

¼–1 Süßkartoffel

1–4 Kartoffeln

2–8 Karotten

1–7 Blätter Blattsalat

1–4 TL Granatapfelkerne oder Apfel

20–100 g Vollkornnudeln

1–3 EL Magerquark

Zubereitungszeit:
30–45 Minuten

Rote Bete schälen und vierteln. Rindfleisch zusammen mit Roter Bete leicht angaren, anschließend zusammen mit den Granatapfelkernen im Zerkleinerer stückeln.

Süßkartoffeln und Kartoffeln schälen und würfeln, zusammen mit den Karotten in etwas Wasser weich kochen. Anschließend herausnehmen und mit dem Mixer breiig rühren.

Vollkornnudeln in etwas Wasser bissfest garen. Herausnehmen und zusammen mit den Salatblättern und dem Magerquark im Mixer pürieren.

Spinat in kochendem Wasser kurz blanchieren.

Pansen roh oder leicht gekocht verwenden. Im Zerkleinerer zusammen mit dem gekochten Spinat stückeln.

Rindfleisch und Pansen zu gleichen Teilen untermengen. Nach Gefühl Vollkornnudeln, Quark und Süßkartoffelbrei vermengen und zum Fleischgemisch reichen. Brühe nach Bedarf dazugeben.

Grüner Pansen enthält Mineralstoffe, Vitamine und probiotische Kulturen, Proteine und Ballaststoffe sowie vorverdaute Pflanzenfasern, die den Hundedarm reinigen. Für Hunde jeden Alters ein Superfood.

ZUM BARFEN

Pansen ist zum Barfen wie geschaffen. Auch das Rindfleisch kann dann roh gereicht werden. Rinderlefze liefert zum Beispiel viel Eiweiß und taugt als Kautraining. Rindermilz liefert Eisen. Innereien allerdings nur einmal die Woche füttern, um eine Überversorgung mit bestimmten Stoffen zu vermeiden.

Fruchtige Herbstbowl

Kochen nach der Saison macht auch beim Zubereiten von Hundefutter Sinn. Die frugalen Zutaten kommen aus der Region, kosten weniger und sind vor allem noch nicht lange gelagert. Ob nun im späten Herbst Kürbis, Birne oder Sellerie in die Bowl kommen oder im Spätsommer Zucchini, Aprikosen oder Pfirsich mit Beeren – das tut diesem wunderbaren, leichten Gericht keinen Abbruch. Für Energielieferanten ist in jeder Zusammensetzung gesorgt.

Zutaten:

- 200–800 g Truthahnfleisch (zum Beispiel Schenkel)
- 20–200 g Zucchini
- 20–100 g Naturreis (alternativ 1–4 Kartoffeln)
- 1–4 Karotten
- ¼–1 Birne
- ¼–1 Aprikose
- 1–4 Artischockenblätter
- 1 TL–2 EL Leinöl
- ¼–1 EL Leinsamen

Zubereitungszeit:
15 Minuten

Das Truthahnfleisch würfeln. Karotten und Zucchini ebenfalls.

Alles zusammen in einen Topf geben, den Reis dazu und dann mit warmem Wasser aufgießen, sodass alles gut bedeckt ist, aufkochen und anschließend ca. 25 Minuten simmern lassen.

Birne und Aprikose in kleine Stücke schneiden. Artischockenblätter sehr klein schneiden.

Nach dem Abkühlen den Topfinhalt zusammen mit den Früchten, den Artischockenblättern und dem Leinöl in den Zerkleinerer geben und einmal durchjagen.

Artischockenblätter machen einen guten Geschmack und wirken noch dazu stabilisierend auf die Verdauung. Man sollte von der Artischocke nur das verwenden, was wir auch essen, also Blätter und Herz. Wenn Blätter roh verwendet werden, sollten sie fein gemahlen werden. Trächtige und säugende Hündinnen dürfen keine Artischocken bekommen, da sie den Milchfluss hemmen.

Birnen sind für Hunde eine optimale Beikost. Sie enthalten wenig Säure, schmecken leicht süß und liefern die Vitamine A und B sowie Kalium, Eisen, Kalzium, Zink, Folsäure und Jod.

Kicherndes Pfirsichhuhn

Die glutenfreien Kichererbsen sind wertvolle Eiweißlieferanten. Allerdings dürfen Hunde diese und auch alle anderen Hülsenfrüchte nur gekocht und nur in Maßen zu sich nehmen, denn Hülsenfrüchte können Blähungen auslösen. Achtung: Ungekochte Kichererbsen enthalten das Gift Phasin. Getrocknete Kichererbsen werden eine Nacht lang in Wasser eingelegt. Nach dem Abgießen des Wassers die Kichererbsen kochen und pürieren. Oder gleich gekochte Kichererbsen aus dem Glas verwenden.

Zutaten:

- 80–600 g Hühnermägen oder Hühneroberschenkel
- ¼–1 Kohlrabi
- 1–4 Karotten
- 20–100 g Kichererbsen (gekocht) oder 1–5 Kartoffeln
- ½–2 Pfirsiche
- 1–4 EL Hüttenkäse
- 1–4 EL gehackte Kräuter
- 1–4 EL Öl

Zubereitungszeit: 30 Minuten

Kohlrabi schälen und in Stücke schneiden. Die Hühnerfleisch- und die Kohlrabistücke in kochendem Wasser garen. Falls Kartoffeln die Kohlehydratbeilage sein sollen, dann schälen, halbieren und mitkochen. Petersilie hacken.

Die Pfirsiche unbedingt entsteinen und dann pürieren.

Die gekochten Hühnermägen klein schneiden, die Kartoffeln und die Kohlrabistücke mit der Gabel zerdrücken. Alle Zutaten miteinander vermengen und am Schluss Öl und Hüttenkäse unterheben.

Hühnermägen sind für Hunde jeden Alters geeignet. Das fettarme Muskelfleisch enthält Kalium, Phosphor, Natrium, Kalzium, Zink, Eisen, Kupfer, Folsäure und die Vitamine C, K und B-Komplexe und ist leicht zu verdauen. Es eignet sich zur Rohfütterung und zum Kochen.

Kohlrabi enthält Fluorid, Magnesium, Kalzium, Vitamin C und Folsäure und ist in gekochter Form für Hunde eine wertvolle Nahrungsergänzung.

Hüttenkäse ist zahnreinigend und sorgt für guten Mundgeruch.

Reife Pfirsiche sind Vitaminbomben, sie enthalten jede Menge Vitamine (A, B_1, B_2, B_3 und C), Mineralstoffe wie Kalzium und Spurenelemente wie Selen und Zink. Die Kerne sind giftig und müssen unbedingt entfernt werden.

Waldbarf

Das dunkle, saftige Wildfleisch ist eiweißreich und fettarm. Wenn es aus der Region, vom örtlichen Jäger oder den Forstbetrieben kommt, kann man sicher sein, dass es waidgerecht erlegt wurde, nach einem freien Leben in der Natur, in der es lauter gute Dinge gefuttert hat. Das wirkt sich auf die Fleischqualität aus und ist nicht nur für den Menschen gesund. Jagdhunde bekommen übrigens meist kein rohes Wildfleisch, sie sollen ja nicht Geschmack am Wild finden, sondern es nur aufstöbern. Das Gericht eignet sich auch als Diät für moppelige Hunde, wenn man die Leber weglässt.

Zutaten:

80–700 g Wildfleisch

30–150 g Wild- oder Rinderleber

20–100 g Kürbis

20–100 g Karotten

¼–1 Apfel oder ⅛–½ Gurke

1 TL–2 EL Johannisbeeren

1 TL–1 EL gemahlene Eierschalen

1 TL–2 EL Öl

1–3 Eigelb

Zubereitungszeit: 30 Minuten

Das Wildfleisch und die Leber maulgerecht zerkleinern (je nach Größe des Hundes).

Den Kürbis würfeln und pürieren.

Apfel, Karotte, Gurke fein reiben und alles miteinander vermengen. Die rohen Eier mit heißem Wasser abbrausen, dann trennen.

Die Eierschalen zermahlen und mit dem Eigelb und dem Öl untermengen.

Gurken sind mit ihren 95 % Wasseranteil erfrischend und dürfen allen Hunden jederzeit gefüttert werden, am besten vorher Schale entfernen. Sie enthalten die Vitamine A und B sowie Kalium. Sie sind äußerst verträglich, also auch gut für Hunde mit Magenproblemen. Wenn Gurken aus dem Eigenanbau angeboten werden, darauf achten, dass sie nicht bitter schmecken. Dann haben sich Cucurbitacine gebildet, Bitterstoffe, die nicht gesund sind. Das trifft auf alle Kürbisgewächse zu, zu denen auch die Gurke zählt.

Eierschalen enthalten viel Kalzium, das in fein gemahlener Form von Hund gut aufgenommen werden kann und beim Barfen eine wertvolle Nahrungsergänzung darstellt. Damit keine Keime ins Futter kommen, sollten die Eierschalen heiß abgebraust werden.

Red-Summer-Bowl

Diese Red-Summer-Bowl wird jedem Hund schmecken. Man kann sie je nach Alter und Größe des Hundes mit mehr oder weniger Fleisch zubereiten. Der Alleskönner Rote Bete liefert Frische und Vitamine, die Leber füllt das Fellbäuchlein und die Süßkartoffeln liefern zusammen mit den Johannisbeeren süße und saure Noten. Die Blattsalate sind ideale, wasserhaltige Sommerbegleiter für eine ausgewogene Ernährung bei Hitze.

Zutaten:

30–150 g Geflügelleber

80–700 g Hühner- oder Putenfleisch

½–3 Süßkartoffeln (mittelgroß) oder Kartoffeln

1–4 Hände Mangoldblätter

¼–1 Rote Bete (vorgekocht)

Traubenkernöl

1 TL– 2 EL Leinsamenschrot

2–8 EL Wassermelonenfleisch

1–4 Blätter Radicchio

1–4 TL Johannisbeeren

Zubereitungszeit: 20 Minuten

Süßkartoffeln schälen und in dicke Scheiben schneiden. Kartoffeln putzen und halbieren oder vierteln, je nach Größe. Die Hälfte der Hühnerleber und des Rindfleischs, die Süßkartoffel oder die Kartoffeln in Wasser sieden. In den letzten Minuten die Mangoldblätter zugeben.

Die andere Hälfte der rohen Leber und des rohen Rindfleischs in feine Streifen scheiden.

Rote Bete und Wassermelone würfeln.

Nach dem Abkühlen die gekochten Fleischstücke, die Kartoffeln, den Mangold, Johannisbeeren, Leinsamen und Rote Bete samt Wassermelone und den Radicchioblättern in den Zerkleinerer geben und einmal kurz durchmixen. Die rohen Fleischstreifen unterheben und sofort servieren.

Wer Barfen möchte, verwendet alle Zutaten ungekocht – der Fleischanteil wird erhöht, zum Beispiel mit Rindergulasch. Der Mangold wird dann durch Feldsalat ersetzt, die Süßkartoffel durch Haferflocken.

Zum Barfen werden der Fleisch- und Gemüseanteil verdoppelt und evtl. noch mit rotem Muskelfleisch angereichert. Rote Bete wird frisch einfach auf der Raspel gerieben. Die Süßkartoffeln, die nur im gekochten Zustand genießbar sind, weglassen.

Manche Hunde sind echte Melonenfans. Rote Bete, Radicchio, Johannisbeeren und Wassermelone

einfach im Mixer zu einem Smoothie verarbeiten, tiefgefrieren und an heißen Tagen als Schleckeis servieren.

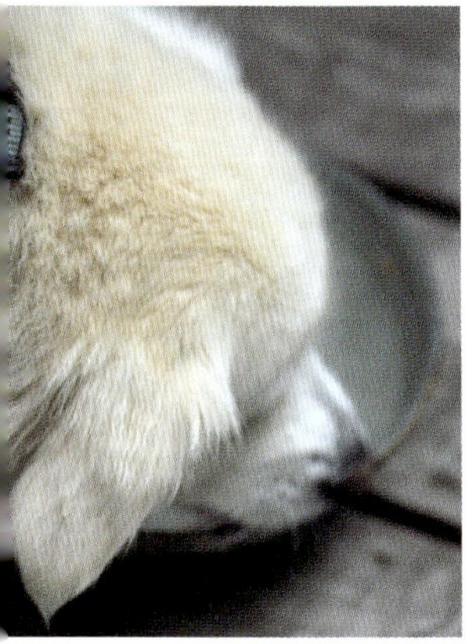

Hunde-Pichelsteiner

Wenn es mal schnell gehen soll, kann ein Eintopf mit Convenience-Produkten eine Lösung sein. Auch wenn Hülsenfrüchte für Hundefutter nur in Maßen eingesetzt werden, liefern Erbsen wertvolle Ballaststoffe. Kartoffeln und Petersilie sind weitere Zutaten für den Hunde-Pichelsteiner, bei dem Huhn und Rind verwendet werden.

Zutaten:

50–400 g Rindfleisch

50–400 g Hühneroberkeule

1–4 große Kartoffeln

50–200 g Erbsen und Karotten aus der Dose

½–2 EL Petersilie (oder andere Kräuter), gehackt

1 TL–2 EL Öl oder 1–3 Eigelb

evtl. 1–3 EL Hüttenkäse

Zubereitungszeit: 20 Minuten

Kartoffeln schälen und in ausreichend Wasser gar kochen.

Das Fleisch würfeln und ebenfalls kurz in kochendem Wasser garen.

Petersilie oder andere Kräuter fein hacken.

Sämtliche Zutaten vermengen, das Öl oder Eigelb zugeben und im Zerkleinerer fein hacken.

Für Hunde mit Verdauungsproblemen eventuell Hüttenkäse unterheben oder eine Banane pürieren und beimengen.

Dieses Gericht kann in der gekochten Variante durchaus für Mensch und Hund auf den Teller/in den Napf. Für den Menschen wird zusätzlich Meerrettich die nötige Würze bringen.

Zum Barfen werden statt der Kartoffeln Haferflocken und Banane beigemengt.

Wenn gerade kein Fleisch zur Hand ist, können die Kartoffeln, die Erbsen/Karotten und Eier zu einer Art Bauernomelette verarbeitet werden. Hüttenkäse oder Quark strecken das Ganze.

FÜR MENSCH UND HUND

Einfach die vegetarischen Zutaten zu einem Omelette verarbeiten.

Meeresrauschen

Fisch ist für Hunde sehr gesund, dennoch müssen Herrchen und Frauchen auf die Herkunft der Ware achten – gerade Thunfisch ist wegen der Fangbedingungen in die Kritik geraten. Dosen mit MSC- oder ASC-Logo können laut WWF gekauft werden. Die Labels bezeichnen schonenden Fang, weisen die Fanggebiete aus und garantieren, dass keine gefährdeten Fischbestände gefangen wurden. Dennoch sollte Thunfisch nur ab und zu gereicht werden. Er ist ideal für unterwegs, beim Campen oder Reisen, dann genügt: Dose auf, etwas Gemüse- oder Haferflocken, Karotten und Wasser dazu.

Zutaten:

- 40–400 g Thunfisch aus der Dose (im eigenen Saft und möglichst wenig Salz)
- 40–400 g Hühnerfleisch
- 30–300 g Naturreis
- Karotten
- 1–4 EL Spinat (gekocht) oder Kräuter
- 1 TL–3 EL Kokosflocken
- ½–2 gekochte Eier

Zubereitungszeit: 15 Minuten

Den Naturreis in doppelter Menge Wasser garen. Eier hart kochen.

Karotten raspeln, Spinat kurz in kochendem Wasser sieden und pürieren. Kräuter und Eier fein hacken.

Alle Zutaten miteinander vermengen und mit frischen Karottenscheiben servieren.

Thunfisch darf roh und aus der Dose verfüttert werden – aber Achtung, bitte nur ungewürzte Sorten verwenden. Der beliebte Meeresfisch stammt aus der Familie der Makrelen und ist reich an Omega-3-Fettsäuren, Eiweiß und Vitamin D, das zum Knochenaufbau benötigt wird. Statt Thunfisch kann auch Makrele, Hering, Seelachs, Sardine, Forelle oder Kabeljau verfüttert werden. Thunfisch ist kalorienarm und somit ideal zur Gewichtsreduzierung.

Achtung: Dosenthunfisch enthält Salz, kleine Hunde sollten nur wenig davon abbekommen.

FÜR MENSCH UND HUND

Thunfisch aus der Dose, frische Karotten, gekochte Eier und Reis können zu einem herzhaften Sommersalat verarbeitet werden. Praktisch, wenn man nicht den ganzen Thunfisch an den Hund verfüttern will.

Köstliche Basics

FÜR GLÜCKLICHE HUNDE

- Rezepte für Brühe, Fonds und Co.

Suppenhuhn & Co

Schon Goethe hat auf die heilende Wirkung von Hühnerbrühe geschworen. In den letzten Jahren ist heiße Brühe als Hausrezept wieder zu Ehren gekommen. Für Hunde ist das Suppenhuhn ein wahrer Alleskönner. Es macht satt, taugt für die Diätküche, die Brühe kann als Flüssignahrung gereicht werden und es lässt sich mit fast allem, was Hunde mögen, kombinieren. Zusammen mit Hüttenkäse ist es ideal als Aufbaukost, Welpen- oder Seniorenfutter. Auch als mageres Leckerli bei der Erziehung ist es einsetzbar.

Zutaten:

1–2 Suppenhühner

Gemüse nach Wahl (siehe S. 115 ff.)

Reis oder Kartoffeln nach Gusto, Obst nach Wahl (siehe S. 115)

Kräuter nach Wahl (siehe S. 117)

Garzeit:

2 Stunden

Für die Hühner-Reis-Terrine wird ein ganzes Suppenhuhn in einem Topf mit Wasser zum Kochen gebracht.

Dazu kommen die Karotten (gerne mit Schale), Fenchel, Kartoffeln und wer mag, ein halber Bund Petersilie. Dann hat das alles gut 2 Stunden Zeit, gar zu werden.

Die letzten 25 Minuten den Reis zur Brühe geben.

Sobald das Huhn zart von der Gabel geht, darf es ebenfalls auskühlen. Das Huhn dann von allen Fleischteilen befreien, und diese zerkleinern. Die Haut, Sehnen, Knorpel und Fett werden ebenfalls klein geschnitten.

Die Fleischstückchen, frische Kräuter, Reis (wahlweise Kartoffeln), das Gemüse sowie frische Beigaben wie Gurken und Obst (alles klein geschnitten oder gerieben) unterheben. Statt Reis können zur Brühe auch Haferflocken beigegeben werden.

Nahrhaft und doch nicht dickmachend ist Kürbis, er kann ebenfalls der Hühnerbrühe zum Garen beigegeben werden.

Ingwer, sparsam eingesetzt, wirkt appetitanregend. er wird mit der Brühe mitgekocht.

Radicchio oder Johannisbeeren wirken, in Maßen verwendet, als Appetitanreger.

FÜR MENSCH UND HUND

Die köstliche Hühnerbrühe macht auch kranke Menschen munter. Dazu wird sie für die Menschenportion gesalzen und evtl. mit Zitronensaft abgeschmeckt. Wenn man die Brühe erkalten lässt, kann das Fett abgeschöpft werden – die magere Brühe ist besser bekömmlich.

Expert*innenrat

Die Morosche Karottensuppe ist ein Geheimtipp bei Durchfall. 1 kg Karotten putzen, schälen in einem Topf mit Wasser 60 Minuten köcheln lassen, evtl. eine Prise Salz zufügen, pürieren, die Konsistenz soll cremig sein. Über den Tag hinweg kleine Portionen und evtl. dazu gekochtes Hühnerfleisch reichen. Dr. Moro erfand das Rezept 1908. Beim Kochen entstehen reinigende Zuckermoleküle.

Alexandra Rademacher, Hundeernährungsberaterin

Gemüsebasic

Gemüse, ob roh oder gedämpft, gekocht oder im Ofen geschmort, ist ein unersetzliches Basic in der Hundeernährung. Wer seinen Hund immer wieder einmal vegetarisch ernähren möchte, sollte für ausreichend Eiweiß- (zum Beispiel Hüttenkäse, Magerquark, Eier), Fett- (kaltgepresste Öle) und Kohlehydratlieferanten (Getreideflocken, Kokosflocken, Nüsse etc.) sorgen. Manches Gemüse darf nur im gegarten Zustand verwendet werden (siehe S. 115f., zum Beispiel Spinat, Mais).

Zutaten:

Gemüse nach Wahl, Wasser oder/und Öle

Kräuter nach Geschmack

evtl. Vollkornnudeln

Zubereitungszeit:
30–45 Minuten

Roh verwendet:
Karotten, Blattsalate, Kräuter, Fenchel, Gurken.

Gedämpft, gekocht, geschmort:
Kartoffeln, Süßkartoffeln, Wurzelgemüse, Spinat, Mangold, Fenchelstrunk und -grün, Kürbis, Zucchini, Artischocken (s. S. 115f.).

FÜR MENSCH UND HUND

Aus den hündischen Gemüseeintöpfen können ganz einfach Mitessportionen für Herrchen und Frauchen generiert werden. Einfach vom gekochten Gemüse etwas abzweigen und mit Salz, Chiliöl und Zitronensaft bestreuen. Bon appetit!

Expert*innenrat

Veggie-Tage für den Hund? Nicht so ungewöhnlich. Manche Hunde sind echte Rohkostfans oder lieben Gemüsebrühen mit Inhalt. Einfach mal ausprobieren?

Knochenfonds

Ein Fond aus gekochten Knochen ist nicht nur in der Drei-Sterne-Küche ein Basisprodukt zur Geschmacksverbesserung – auch beim Erstellen von Vierbeinermenüs sind Knochenfonds ein feiner Füll- und Nährstoff. Ausreichend lange in einem großen Topf mit viel Gemüse gekocht, ergibt das eine geleeartige Masse, die löffelweise anderen Speisen beigemengt werden kann. Sogar ein reinigender Reistag lässt sich mit Knochenfond gut bestreiten – hilfreich, wenn einmal so gar kein Futter im Haus ist.

Zutaten:
Wildknochen
Karotten
Zucchini
Äpfel
Kräuter
Pastinaken
etwas Kurkuma

Zubereitungszeit:
2–3 Stunden

Gemüse und Äpfel in größere Stücke schneiden.

Alle Zutaten in einen ausreichend großen Topf mit Wasser geben. Alles, auch die Knochen, sollen mit Wasser bedeckt sein. Das Wasser zum Kochen bringen und dann die Temperatur herunterstellen. Deckel auf den Topf legen und bei kleiner Temperatur bis zu 3 Stunden (je nach Dicke der Knochen) köcheln lassen.

Knochen und Gemüse herausnehmen und erkalten lassen. Das Gemüse kann püriert dem nächsten Futter beigemengt werden. Fleischreste an den Knochen abschaben und in den Fond geben.

Den Fond in Eiswürfelbehältern einfrieren. Die Knochen bitte nicht an den Hund verfüttern, sie könnten nach dem Kochen splittern.

Fonds sind echte Kraftbrühen und können als Nahrungsergänzungsmittel dem Futter beigefügt werden. Natürlich lässt sich auch ein reiner Gemüsefond oder ein Geflügelfond erstellen, bei dem Hühnerklein und Hühnerknochen ausgekocht werden.

FÜR MENSCH UND HUND

Kraftbrühen sind für Mensch und Hund echte Booster nach Krankheit oder in Stresssituationen. Sie regen den Appetit an. Bei schon etwas moppeligen Hunden wird nach dem Erkalten beim Fond das Fett abgeschöpft.

Innereienbasic

Leber, Nieren, Milz, Lunge – das alles sind wahre Vitamin- und Energiebomben für Hunde, denn sie enthalten so gut wie alle Nahrungselemente, die ein Hund braucht und liebt. Die Zubereitung ist denkbar einfach, entweder roh oder eben gekocht. Da man dieses Basic, das sich problemlos kombinieren lässt, am besten in großen Mengen zubereitet, empfiehlt sich portioniertes Abpacken und Einfrieren. Wer den Innereien-Mix fettärmer halten möchte, nimmt weniger von Leber und Herz und mehr von Zunge und Lunge.

Zutaten:

Rinderherz
Hühnerleber
Kalbslunge
Markknochen
Kartoffeln
Karotten
Sellerie
Rote Bete
Zucchini
Äpfel
Petersilie

Zubereitungszeit:
45 Minuten

Alles Fleisch würfeln und in einem großen Topf mit ausreichend Wasser köcheln lassen.

Die Petersilie als Bund dazugeben.

Das Gemüse putzen, ebenfalls würfeln und nach ca. 10 Minuten zum Fleisch zufügen.

Evtl. etwas Kurkuma zufügen und so lange sieden, bis auch das Gemüse gar ist.

Das Mark aus den Knochen kratzen und unterheben. Alles abkühlen lassen, gut vermengen und je nach Hund pürieren, zerkleinern oder stückig lassen.

Portionsweise abfüllen, etwas von der Brühe zugeben und einfrieren.

Mollige Hunde bekommen kein Mark. Und das Fett kann nach dem Erkalten abgeschöpft werden. Den Leberanteil reduzieren zugunsten von magerem Lungenfleisch.

FÜR MENSCH UND HUND

Innereien sind keineswegs nur für den Hund. Gebratene Hühnerleber oder -herzen sind, richtig gewürzt, eine Delikatesse. Aus Lunge lässt sich das bayerische Nationalgericht »Lüngerl« zubereiten, früher ein fettarmes, aber eiweißhaltiges zweites Frühstück.

Köstlich vegetarisch
FÜR GLÜCKLICHE HUNDE

- Es muss nicht immer Fleisch sein
- Saisonales Futter

Trio Vegetarisch

Wer seinen Hund ab und zu vegetarisch ernähren möchte, könnte ihm mit diesem Trio eine Freude machen. Die unterschiedlichen Geschmacksreize machen das Fressi interessant und die enthaltenen Bestandteile gleichen das Fleisch aus. Das Gericht wird in größeren Mengen hergestellt, damit Beilagen auch für Fleischmahlzeiten eingefroren werden können.

Zutaten:

Nr. 1

- 30–300 g Süßkartoffeln
- 30–300 g Fenchel
- 20–200 g Zucchini
- 1 TL–2 EL Kräuter
- 1–4 EL Beeren (Stachelbeeren, Johannisbeeren)
- ½–1 EL Öl

Nr. 2

- ¼–1 Tasse Vollkornnudeln
- 1–4 EL Kokosflocken
- 1–5 Maroni (gekocht)
- ½–1 EL Kräuter
- ¼–1 TL Leinsamen
- ½–1 EL gemahlene Eierschalen
- 1–4 EL Hüttenkäse

Nr. 1

Backofen auf 200 °C vorheizen. Süßkartoffel halbieren und die Flächen mit Öl einreiben, auf ein Backblech legen und ca. 25 Minuten bei 175 °C garen, dann lässt sich das Fruchtfleisch herausschaben.

Fenchel und Zucchini fein schneiden und in etwas Wasser kurz garen. Kräuter sehr fein wiegen.

Alles zusammen, auch Beeren und Öl, in einen Zerkleinerer geben und einmal kurz durchjagen. In Portionsförmchen füllen.

Nr. 2

Vollkornnudeln in kochendem Wasser weich kochen. Kräuter fein wiegen. Eierschalen im Mörser fein mahlen. Maroni vierteln. Alle Zutaten in den Zerkleiner geben und einmal kurz durchjagen. In Portionsförmchen füllen.

Nr. 3

Maisgrieß mit entsprechender Menge Wasser quellen lassen. Kürbis schälen und würfeln.

Karotten zerkleinern und in etwas Wasser leicht angaren.

Zum Schluss noch einige Minuten den Mais dazugeben, durchs Sieb Wasser abschütten und auffangen. Gurke hobeln. Alle Zutaten in den Zerkleinerer geben und einmal kurz durchjagen. Sollte die Masse zu zäh werden, vom Gemüsewasser dazugeben. In Portionsförmchen füllen.

Nr 3.

¼–1 Maisgrieß

1–4 EL Mais (vorgekocht aus dem Glas oder Dose)

⅛–½ Gurke

20–100 g Kürbis

1–4 Karotten

1 TL–4 EL Kräuter (gehackt)

½–1 EL Öl

Zubereitungszeit:
45 Minuten

Das-geht-immer-Omelette

Dieses Rezept ist ideal, wenn man vergessen hat, Hundefutter zu besorgen. Tatsächlich kann man gleich eine ausreichende Menge herstellen, um als Hundemensch mitzuessen, da wird dann einfach nachträglich gewürzt. Zwar sollten Hunde kein rohes Eiweiß essen, aber in der gegarten Form sind Eier durchaus eine gesunde Option.

Zutaten:

1–5 Kartoffeln

1–4 Hände voll Spinat/Mangold

1–4 Karotten

1–4 Eier

½–3 EL Haselnüsse (gemahlen)

1– 5 EL Magerquark

1–4 EL Kräuter

1 TL–3 EL Öl

Zubereitungszeit:
10 Minuten

Die Kartoffeln in der Schale weich kochen, abkühlen lassen, dann schälen und mit der Gabel zu Brei drücken.

Spinat/Mangold ebenfalls in wenig Wasser garen und anschließend pürieren.

Die Karotten raspeln. Die Kräuter fein hacken.

Die Eier schaumig schlagen.

Alle Zutaten in die Eiermasse rühren und in einer Pfanne in wenig Öl aufbacken. Danach in Stücke zupfen – wichtig, damit sich der Hund nicht am Inneren des Omelettes die Schnauze verbrennt – und lauwarm servieren.

Gekochte Kartoffeln liefern reichlich Proteine und Kohlehydrate. Sie sind auch ideal für Hunde, die kein Getreide vertragen. Kartoffelschalen sollten Hunde aber auch in gekochter Form nicht fressen. Sie enthalten das für Hunde giftige Solanin.

Die Eierschalen können der Hundeportion in gemahlener Form zugegeben werden. Eierschalen dafür gut säubern.

FÜR MENSCH UND HUND

Bis auf die gemahlenen Eierschalen passt alles auch in ein Omelette für den Hundemenschen.

Grütze mit buntem Allerlei

Wer seinen Hund ab und zu vegetarisch ernährt, muss nicht fürchten, dass es dem Hund an essenziellen Zusatzstoffen mangelt. Hunde sind es seit Tausenden von Jahren gewöhnt, sich der Umgebung des Menschen anzupassen, da gab es so manche fleischarme Zeit. Ein gesunder erwachsener Hund bekommt mit einer ausgewogenen Mischkost alle lebensnotwendigen Mineralstoffe, Vitamine und Spurenelemente. Wer ausschließlich vegetarisch füttert, kann gute Nahrungsergänzungsmittel finden, die den Bedarf decken.

Zutaten:

- 40–120 g Buchweizen
- 2–12 EL Tofu (zerbröselt)
- ½–4 Karotten/Äpfel
- 1–4 Hände voll Spinat/Mangold
- 1–4 EL Mais, gekocht
- ½–4 Eier
- ½–3 EL Hartkäse, gerieben
- 1–4 EL Quark oder Hüttenkäse
- 1 TL–4 EL Olivenöl

Zubereitungszeit:
30 Minuten

Buchweizen in ausreichend Wasser matschig kochen, dann die Flüssigkeit durch ein Sieb abgießen.

Eier hart kochen, abschrecken, schälen und abkühlen lassen. Die Schale fein mahlen. Die Eier hacken. Den Spinat oder Mangold zusammen mit dem Tofu kurz im kochenden Eierwasser garen.

Die Karotten und den Apfel fein raspeln. Den Hartkäse reiben. Den Tofu bröseln.

Alle Zutaten miteinander vermischen, das Öl und den Quark unterrühren. Für Hunde, die es etwas fruchtiger mögen, können auch noch saisonal Beeren, Banane oder Ananas eingearbeitet werden.

Buchweizen gehört zu den Pseudogetreiden und enthält kein Gluten, weshalb er für allergiegefährdete Hunde ideal ist. Allerdings sollte nur geschälter Buchweizen und dieser nur in gekochter Form verwendet werden. Reich an Aminosäuren ist er ein leicht verdaulicher Eiweißlieferant.

Tofu ist reich an Protein, Kalzium, Magnesium, Eisen und Vitamin B_6.

Hartkäse enthält, je älter er ist, umso weniger Laktose. Er ist gut verträglich und liefert wertvolle Vitamine.

Quark und Hüttenkäse werden aus Milchproteinen hergestellt, die essenzielle Aminosäuren enthalten. Diese beeinflussen die Darmtätigkeit, aber auch die Serotoninbildung und somit den Gefühlshaushalt. So werden Aggressionen gesenkt und Motivation und Agilität gesteigert.

Köstliche Diät
FÜR GLÜCKLICHE HUNDE

- Rezepte für Schonkost
- Rezepte für Diätkost
- Rezepte für empfindliche Hundemägen

Polentanockerl mit Brühe

Hunde, die sich erholen müssen, ob von der Trächtigkeit, einer Krankheit oder einer anstrengenden Tätigkeit, Seniorenhunde, die eine weiche Kost schätzen – alle sie werden Freude an dem Nockerl-Spezial haben. Und ganz nebenbei kann sich der Mensch ein paar Nockerl abzweigen und gewürzt in leicht gesalzener Brühe als Zwischenmahlzeit genießen. Durch den glutenfreien Maisgrieß ist diese Mahlzeit für menschliche und hündische Allergiker geeignet.

Zutaten:

4 EL Maisgrieß

1 Eigelb

4 EL Fleisch samt Fett und Mark von der Beinscheibe

¼ Rote Bete (vorgekocht)

Kräuter nach Belieben: Petersilie, Kerbel, Zitronenmelisse

evtl. 1 Tropfen Lavendelöl

Zubereitungszeit: 30 Minuten

Mais in 1 EL heißem Wasser kurz quellen lassen.

Alle Zutaten klein geschnitten in den Mixer und auf höchster Stufe vermengen.

Brühe (Herstellung siehe S. 84) zum Kochen bringen.

Mit dem Esslöffel Nockerl aus dem Gemisch stechen und vorsichtig in die siedende, nicht mehr kochende Brühe gleiten lassen.

Ein Rote-Bete-Stück mit in die Brühe geben, das gibt noch einmal einen frischen Geschmack und eine schöne Farbe.

Abkühlen lassen, die Nockerl je nach Größe des Hundes noch einmal teilen und mit lauwarmer Brühe servieren.

Lavendelöl beruhigt, auch ein Lavendelkissen im Hundebettchen wirkt beruhigend. Wenn ein Hund frische Lavendelblüten im Übermaß frisst, kann dies zu Erbrechen führen. In der Regel ist ein erfahrener Hund gewarnt, wenn ätherische Öle im Spiel sind, und lässt die frischen Pflanzen stehen.

Maisgrieß enthält wertvolles Eiweiß, Magnesium, Kalium und Kieselsäure – gut für Haut, Haare, Nägel und Knochen.

Das ganze Gericht kann auch mit rein pflanzlichen Zutaten gekocht werden – dann mit Gemüsebrühe, ergänzt durch Öle.

FÜR MENSCH UND HUND

Vom Nockerlteig etwas abzweigen, salzen und ebenfalls in gesalzener Brühe garen – eine glutenfreie Variante zur traditionellen Grießnockerlsuppe. Wer auf Fleisch verzichten möchte, stellt die Nockerl nur aus Polenta her.

Kerniger Hundehummus

Wer die vegetarische Variante bevorzugt, lässt die Hühnermägen weg und ergänzt den Hummus durch gekochtes und gehacktes Ei. Ansonsten ist dies ein All-Generationen-Rezept, bei dem sich jeder Hundeliebling die Schnauze lecken wird.

Zutaten:

80–600 g Hühnermägen

¼–1 TL Kurkuma

1–5 Stangen Staudensellerie inkl. Blattgrün

40–200 g Kichererbsen (gekocht)

1–4 EL Haselnüsse (gemahlen)

1–4 Karotten

½–2 EL Kokosflocken

1–4 EL Kräuter (gehackt)

1–4 EL Kokosöl

Zubereitungszeit: 20 Minuten

Den Sellerie in 1 Zentimeter große Stücke schneiden. Die Hühnermägen in heißem Wasser zusammen mit dem Kurkuma und dem Sellerie kurz sieden.

Kichererbsen, Öl, Kokosflocken, Haselnüsse, Kräuter im Mixer zu Hummus passieren.

Die abgekühlten Hühnermägen sehr klein schneiden oder im Zerkleinerer hacken. Anschließend mit dem Hummus vermengen. Falls es an Flüssigkeit fehlt, etwas von der Hühnerbrühe zugeben.

Wer mag, reichert das ganze noch mit etwas Früchten der Saison an: Melone, Pfirsich, Banane oder Apfel.

Kokosnuss enthält Laurinsäure, der antimikrobielle Wirkung nachgesagt wird. Kokosflocken sind gut für die Verdauung und helfen gegen Würmer.

Hunde, die allergisch gegen Nüsse sind, bekommen statt der Haselnüsse Sonnenblumenkerne. Statt Kichererbsen kann auch Reis verwendet werden.

Radicchio-Huhn mit Brühe

Hunde, die an Durchfall erkrankt sind oder sich von einer längeren Krankheit erholen, sind dankbare Abnehmer für Schonkost mit Geschmack. Mit den Zutaten, die den Darm entlasten oder gar appetitanregend sind, kann so ein Aufbau-Menü wieder zu glänzenden Schnauzen und Augen sowie gesundem Fell führen. Die Dosierung von Brühe, Fleisch und Gemüseanteilen sollte nach Augenmaß erfolgen. Manchen Hunden genügt ein wenig Brühe mit Reis, andere vertragen nur das magere Fleisch vom Huhn. Im Zweifel immer auch die Tierärztin befragen.

Zutaten:

1 Suppenhuhn

davon 150–700 g Fleisch

½–2 Karotten

¼–1 mittelgroße Fenchelknolle

¼–1 Gurke

¼–2 Blätter Radicchio

¼–2 Blätter Blattsalate (Lollo Rosso, Feldsalat, Kopfsalat)

¼–1 EL Johannisbeeren

¼–1 Tasse Naturreis

¼–2 cm Ingwerknolle

Zubereitungszeit: 45 Minuten

Das Suppenhuhn und den Reis zubereiten wie auf S. 80 beschrieben. Fenchel, Karotten, Ingwer mit in die Brühe geben.

Sobald das Huhn gar und erkaltet ist, das Fleisch auslösen und klein schneiden.

Das Fleisch samt Karotten und Fenchel, abgekühltem Reis, Radicchio, Salatblättern, Johannisbeeren sowie der gewürfelten Gurke im Zerkleinerer grob mixen.

In einer Schüssel anrichten und ausreichend Brühe dazugeben – das ist ein tolles Gericht an heißen Tagen.

Das Gemüse kann auch extra mit Rapsöl beträufelt im Ofen gegart werden – dann wird es etwas gehaltvoller.

Bekömmlich für ältere, junge und vollschlanke Hunde ist gekochtes Gemüse.

Für Hunde mit Durchfall kann die Reismenge erhöht werden, den Reis dann breiig kochen.

FÜR MENSCH UND HUND

Von der Hühnerbrühe etwas abzweigen, ebenfalls vom Reis und den gekochten Karotten, wer mag auch von der Hühnerbrust. Das Ganze mit Salz, Pfeffer, Kreuzkümmel, etwas Instant-Gemüsebrühe würzen, nochmals aufkochen und vor dem Servieren mit Zitronensaft abschmecken. Koriander verfeinert.

Köstliche Leckerlis
FÜR GLÜCKLICHE HUNDE

- Rezepte für Goodies, Belohnung, Festtage und Extras

Knusper-Cheese

Hunde lieben Süßkartoffeln, denn klar, sie schmecken süß. Wenn dann noch ein leichter Käseduft dazukommt, ist das vegetarische Hundeleckerli perfekt. Natürlich – das gilt für alle Leckerlis – sparsam verabreichen, denn zu viel Zucker und Käse sind nichts für Hunde. Nach Belieben können fein gemahlene Kräuter zugegeben werden. Etwas Rote-Bete-Saft gibt eine tolle Farbe und schmeckt den Hunden.

Zutaten:

200 g Süßkartoffeln

2 Eigelb

100 g Kartoffelmehl

2 EL geriebener Hartkäse

1 EL Öl, z. B. Rapsöl, Sonnenblumenöl, Kokosöl

Zubereitungszeit:
45 Minuten

Das Backrohr auf 200 °C vorheizen. Die Süßkartoffeln in der Schale halbieren, Schnittflächen mit Öl einreiben und ca. 20 Minuten in die Röhre geben. Danach lässt sich das Fleisch ganz einfach aus der Schale kratzen.

Süßkartoffeln mit allen Zutaten in einer Schüssel vermengen, Teig ausrollen und Formen ausstechen. Formen auf ein Backpapier legen und in der Backröhre bei 175 °C backen. Wer die Leckerlis lange aufheben möchte, muss sie dorren. Am besten bei ca. 100 °C und leicht geöffneter Backofentüre backen, bis sie knusprig sind. Danach kann man sie auch portioniert einfrieren.

Getreidefreie Mehle, wie Kartoffelmehl, sind für Hunde besonders bekömmlich.

Für eine vegane Variante der Kekse werden die Eigelbe durch Banane ersetzt.

Für laktoseintolerante Hunde wird der Käse durch Kokosflocken oder Haselnüsse ersetzt. Grundsätzlich gilt, dass nur laktosearme Hart- und Schnittkäsesorten verwendet werden. Schimmelkäse ist giftig für Hunde. Da Käse viel Fett enthält, sollte er sparsam dosiert werden. Ziegen- oder Schafskäsesorten werden von Hunden in der Regel besser vertragen.

Leckerlis sind Ausnahmefutter, so wie für den Menschen ein Stückchen Schokolade. Zu fett, zu süß dienen sie »nur« der Belohung.

FÜR MENSCH UND HUND

Beim Backen von Hundekeksen ist der Fantasie von Herrchen und Frauchen keine Grenze gesetzt. Es ist sogar eine schicke Lösung, mit kleinen Resten umzugehen. Haselnüsse gemahlen, Kokosflocken, geraspelte Karotten – alles, was Hund gut verträgt, kann zum Einsatz kommen. Beim Anfertigen des Teiges ist ein wenig Erfahrung gefragt. Wird in der Backmatte gearbeitet, muss der Teig flüssiger sein – das kann mit der Zugabe von Joghurt erreicht werden oder schlicht mit ein wenig Wasser. Zum Ausstechen sollte der Teig nicht kleben, das ist bei Süßkartoffeln gar nicht so einfach. Da können Kokosflocken oder Haselnüsse helfen, die Konsistenz zu verbessern, und das schmeckt auch dem Menschen.

Herzhafte Honigkekse

Hundegeburtstag feiern – was etwas spleenig klingt, wird immer mehr zu einem heiteren *come together* von Menschen und ihren Hunden. Es sorgt nicht nur für soziale Kontakte zwischen den Vierbeinern, sondern ist auch eine Gelegenheit, besondere Goodies zu verfüttern.

Zutaten:

150 g Leber (püriert)

1 große Möhre (fein gerieben)

100 g Haselnüsse (gemahlen)

150 g Reismehl

1 Ei

1 EL Honig

1 kleine Prise Meersalz

1 EL Sesamöl

Zubereitungszeit:
45 Minuten

Alle Zutaten gut miteinander vermengen. Sollte der Teig zu fest sein, mit einem Esslöffel etwas Wasser dazugeben. Sollte er zu flüssig sein, mehr gemahlene Nüsse oder Kokosflocken zugeben.

Die Teigmasse auf einer bemehlten Fläche ausrollen und mit Förmchen ausstechen.

Die Kekse auf ein mit Backpapier ausgelegtes Backblech setzen.

Anschließend die Kekse bei 180 °C ca. 10–15 Minuten lang backen.

Damit die Hundecracker schön knusprig werden, noch einmal bei 50 °C für ca. 10 Minuten austrocknen lassen.

Diese Kekse sind etwas für besondere Gelegenheiten – und sollten nur in Maßen gefüttert werden. Wenn sie durch und durch getrocknet sind, können sie in Blechdosen aufbewahrt werden.

Leicht feuchte Plätzchen müssen rasch verzehrt werden und werden im Kühlschrank gelagert.

Wer keine Geduld zum Ausstechen hat, formt kleine Halbmonde und drückt sie mit der Handfläche flach.

Blaubeermakronen

Diese appetitlichen Makronen können von Mensch und Hund verzehrt werden, ohne jede Beigabe von Gewürzen. Die Kokosflocken und die Haselnüsse sorgen für Süße und Bissfestigkeit, die Blaubeeren liefern Säure und Fruchtigkeit. Für große Hunde werden die Superleckerlis einfach ein wenig größer gebacken, für kleine Hunde empfiehlt sich das Backen in einer Backmatte mit kleinen Ausbuchtungen.

Zutaten:

3 EL Haselnüsse (gemahlen)

3 EL Kokosflocken

100 g Blaubeeren

1 EL Rapsöl

1 EL Wasser

1 Ei

Zubereitungszeit:
45 Minuten

Sämtliche Zutaten mit dem Knethaken verrühren, sodass ein lockerer Teig entsteht.

Eventuell etwas mehr Blaubeeren einrühren, falls der Teig zu zäh wird. Er soll locker vom Löffel gleiten.

Den Ofen auf 180 °C vorheizen.

Teelöffelweise Teighäufchen auf ein mit Backpapier belegtes Blech setzen und jeder »Makrone« noch eine Blaubeere aufsetzen.

Teigreste werden übrigens von sämtlichen Vierbeinern sowohl gerne aus den Schüsseln geleckt als auch von den Händen.

Blaubeeren sind nicht nur für Menschen Superfood, sondern auch für Hunde. Neben Vitaminen und Mineralstoffen enthalten sie Antioxidantien, die das Immunsystem der Hunde kräftigen. Die vielen Ballaststoffe der Blaubeere werden sehr gut aufgenommen.

Haselnüsse sind für Hunde gut verträglich, sofern sie nicht allergisch darauf sind. Nüsse immer geschält und ungewürzt verfüttern. Haselnüsse liefern gesundes Eiweiß, Kalium, Kalzium und verschiedene Vitamine. Allerdings haben sie einen hohen Fettgehalt – hier bitte aufpassen! Gesundheitsschädlich für Hunde sind: Macadamianüsse, Bittermandeln, Muskatnuss, Schwarznuss, Paranüsse.

Das Fleisch der Kokosnuss ist fettarm und für Hunde bekömmlich. In Flockenform lässt es sich leicht beimengen und ist ein natürliches Mittel gegen Würmer. Außerdem hilft die Kokosnuss, ob als Flocken oder Öl, bei Diabetes, senkt das Krebsrisiko und wirkt gegen Arthrose – Kokos für Hunde ist ein super Superfood.

FÜR MENSCH UND HUND

Diese Plätzchen sind auch für Menschen geeignet. Dann sollten sie allerdings nicht durchgetrocknet, sondern noch schön »feucht« sein.

Do und don't
FÜR DIE HUNDEERNÄHRUNG

- Bekömmlich für Hunde
- Konservieren & Vorratshaltung
- Besondere Hundemägen
- Nachwuff

Bekömmlich für Hunde

WARENKUNDE FÜR HUNDENÄPFE

Dass es beim Zubereiten von Hundefutter nicht langweilig wird, beweist ein Blick in die Liste der Dinge, die Bestandteil einer guten Hundebowl sein dürfen. Manches kann gar nicht oft genug rein, anderes sollte in Maßen verwendet werden. Manche Zutaten eignen sich für bestimmte Lebenssituationen und wieder andere schmecken einfach richtig nach tollem Fressi. Wer ein wenig in diese Warenkunde eintaucht, wird seinem Vierbeiner bestimmt das richtige Menü zusammenstellen.

FLEISCH

Muskelfleisch wie Hühnermägen, aber auch Pansen, Lefze, Euter sind bei Hunden äußerst beliebt. Mehr als einmal die Woche sollten Innereien wie Leber, Milz und Niere aufgrund der Schwermetallbelastung nicht gefüttert werden.

Rind, Kalb (auch Schlund, Milz, Pansen, Niere, Euter, Lefze, Zunge)
Pute/Truthahn
Ente
Huhn (auch Mägen, Leber, Herz, Krägen)
Wild, Kaninchen
Pferd
Lamm
Ziege
Strauß

NICHT GEEIGNET

Schlund beim Barfen.

FISCH

Thunfisch (Achtung Fettgehalt)
Hering
Forelle
Lachs (Achtung Fettgehalt)
Makrele (Achtung Fettgehalt)
Sardine
Dorsch

NICHT GEEIGNET (Thimiasehaltig)

Karpfen, Hering, Wels, Brasse, Zander.

BEILAGEN

Buchweizen
Quinoa
Maisgrieß (Polenta)
Dinkel
Couscous
Bulgur
Reis
Vollkornnudeln
Haferflocken

OBST

Früchte enthalten Vitamine, Mineralstoffe und Ballaststoffe, die dem Hund guttun. Bitte nur zerkleinert, püriert oder gegart servieren.

Aprikose (getrocknet oder frisch, stets entsteint): Kalium, Kalzium, Phosphor.
Ananas (püriert): Vitamine A, B, C, Enzym Bromelain.
Apfel: Vitamin C, Kalzium, Magnesium.
Beeren: Vitamine A, C, E, Kalium, Kalzium, Phosphor, Carotin, Folsäure, Pektin, Silizium, Anthocyane, Eisen, Magnesium und Zink.
Banane (hoher Fruchtzuckergehalt): Vitamin B_6, Folsäure, Magnesium, Kalium. Bei Verdauungsbeschwerden.
Birne: Vitamine A, B, C, Kalium, Kalzium, Magnesium.
Cranberry (getrocknet): gegen Blasenentzündung.
Dattel (getrocknet oder frisch): Vitamine B und C, Kalium, Kalzium, Phosphor, Schwefel, Eisen, Zink, Mangan, Kupfer. Wirkt als Energielieferant.
Erdbeere: reichlich Vitamin C.
Granatapfel: enthält Ellagsäure, die als krebshemmend gilt.
Gurke (kalorienarm): Vitamine B, C und K, Kalium und Eisen.
Kirsche (entsteint): Vitamine B und C, Folsäure.
Kokosnuss: Vitamine der B-Gruppe und E, Biotin, Folsäure. Gut gegen Würmer.
Mango: Beta-Carotin, Folat. Gilt als Vitaminbombe.
Melone: Vitamine A und C sowie Kalium und Kalzium. Regt die Verdauung an. Verträglichkeit prüfen, manche Hunde bekommen auf Melonen Durchfall.
Pfirsich (entsteint): Kalzium, Kalium, Eisen und Magnesium sowie die Vitamine B_1, B_2, C, K, E, Flavonoide. Wirkt immunstärkend.
Papaya: Vitamin-C-Bombe.

NICHT GEEIGNET

Zitrusfrüchte, Avocado. Giftig: Weintrauben!

GEMÜSE

In Gemüse sind für den Hund wertvolle, lebensnotwendige Vitamine, Mineral- und Ballaststoffe enthalten. Es darf klein geschnitten oder püriert, je nach Gemüse roh und gegart serviert werden.

Artischocke: unterstützt Galle und Leber, entgiftet, bei Verdauungsbeschwerden.
Brokkoli (gekocht): Carotin, Vitamin C und Vitamine der B-Guppe, Kalium und Natrium.
Blattsalate (püriert oder gekocht): Vitamin C, Kalzium, Kalium, Folsäure, Mineralstoffe, Spurenelemente. Blattsalate sind für viele Hunde echte Leckerbissen und ersetzen in so manchem Fall die Grasfresserei.
Erbsen (gekocht): proteinreich, Vitamine A und C, Folsäure, Kalium, Zink, Magnesium und Eisen. Nur in Maßen füttern.
Fenchel: Vitamine C, E und Beta-Carotin,

Eisen, Magnesium und Folsäure. Fördert die Verdauung.

Ingwer: wirkt schmerzstillend, entkrampfend, entzündungshemmend und fördert die Durchblutung. Eine gute Nahrungsergänzung bei Gelenkerkrankungen wie Arthrose, Spondylose, Hüft- oder Ellbogendysplasie. Er regt auch die Verdauungssäfte und den Stoffwechsel an, wirkt wärmend und schweißtreibend.

Karotten: Vitamin A, Mineralstoffe.

Kartoffeln: Kohlehydrate, Eiweiß, Ballaststoffe, zahlreiche Vitamine, Natrium, Kalzium und Phosphor.

Kohlrabi (gekocht, auch die Blätter verwendbar): Vitamin C, Kalzium, Magnesium, Folsäure, Fluorid, Kalium, Phosphor, B-Vitamine, Eisen, Kupfer und viele Aminosäuren.

Kürbis: kalorienarm, gut gegen Würmer, reich an Kalium, Eisen, Beta-Carotinen, Kieselsäure, Vitamin C.

Mais (gekocht): glutenfrei, kann aber Allergien auslösen; Provitamin A, verschiedene B-Vitamine, Vitamine C und E, Mineralstoffe: Eisen, Kalium, Kalzium, Zink, Phosphor und Natrium, Linolsäuren. In kleinen Mengen zugesetzt für den Hund sehr gesund, die Ballaststoffe unterstützen die Verdauung.

Mangold (gedünstet): reich an Eiweiß und Mineralien.

Pastinake: Vitamine B und C, Kalzium, Phosphor, reich an Stärke, Zucker, Pektin. Wirkt antibakteriell, regt die Darmflora an.

Petersilienwurzel: reichlich Vitamin C und E, zwei starke Antioxidantien, wenig Kalorien und reichlich Ballaststoffe – ein tolle Knolle für Vierbeiner.

Rote Bete: Folsäure, sekundäre Pflanzenstoffe. Wirksam gegen Krebs, stärkt das Immunsystem, appetitanregend und verdauungsfördernd.

Sellerie (gekocht): Vitamine K, B_1, B_2, B_6, C; Kalium, Kalzium, Phosphor, Natrium, Eisen Magnesium. Entschlackend, harntreibend (Vorsicht bei kranken Hunden) und blutreinigend.

Sojabohnen: in Form von Tofu, Sojajoghurt und -milch, Sojasprossen.

Spargel (gekocht): kalorienarm, Kalium, Vitamine B und C, Folsäure. Wirkt harntreibend.

Spinat (gedünstet/gekocht): Kalium, Kalzium, Magnesium, Folsäure. Stärkt Herz und Kreislauf.

Süßkartoffel (gekocht): fettarm, arm an Histaminen (deshalb für Allergiker geeignet), Kalium, Eisen, Phosphor. Achtung: hoher Oxalgehalt, deshalb nur in Maßen füttern.

Steckrübe: Ballaststoffe, Traubenzucker, Vitamin C, Magnesium, Kalzium, Eisen, Kalium, Zink, Fluor. Regt die Verdauung an, versorgt den Hund mit Energie, stärkt das Immunsystem und die Abwehrkräfte.

Topinambur: Carotin, Vitamine B_1, B_2, B_6, C, D, Nicotinsäure und Biotin. Topinambur hat einen höheren Kaliumgehalt als Bananen (400–800 mg/100 g) und enthält zahlreiche Spurenelemente. Bei übergewichtigen Hunden und Diabetiker-Hunden geeignet.

Zucchini (jung verwenden): Vitamine A, B_1 und C, Kalium, Kalzium, Magnesium, Eisen, Phosphor. Achtung vor bitteren Früchten!

NICHT GEEIGNET

Kohlsorten (ungekocht), Bohnen, Paprika, Hülsenfrüchte (ungekocht), Lauch, Pilze, Rhabarber, Tomaten.

MILCHIGES

Joghurt
Hüttenkäse
Quark

SAMEN UND SCHROT

Leinschrot
Muschelkalk
Sesamsamen
Eierschalen (gemahlen)
Flohsamen
Bierhefe

KRÄUTER

Viele Kräuter sind für den Hund nicht nur bekömmlich, sondern auch sehr gesund. Viele haben, auch bei uns Menschen, Heilwirkung.

Basilikum: antibakteriell.
Beifuß: gegen Erbrechen und Durchfall.
Beinwell: bei Verdauungsbeschwerden.
Bohnenkraut: gegen Durchfall.
Borretsch: regt den Stoffwechsel an.
Breitwegerich: harntreibend, entzündungshemmend.
Brunnenkresse: gegen Verschleimung.
Dill (nur gemahlen): fördert Milchbildung.
Estragon: krampflösend.
Kamille: schmerzlindernd, entzündungshemmend, beruhigend.
Kerbel: schwemmt Giftstoffe aus.
Liebstöckel: krampflösend (darf nicht von trächtigen oder säugenden Hündinnen gefuttert werden).
Majoran: bei Atemwegserkrankungen.
Oregano: bei Atemwegserkrankungen.
Petersilie: gegen Mundgeruch, bei Krämpfen.
Pfefferminze: gegen Mundgeruch, bei Blähungen.
Rosmarin: bei Erschöpfung.
Pimpernelle: unterstützt Leber und Niere.
Salbei: antibakteriell (darf nicht an trächtige Hündinnen verfüttert werden).
Spitzwegerich: bei Atemwegserkrankungen.
Zitronenmelisse: bei Magen und Darmbeschwerden.
Thymian: bei Atemwegserkrankungen, bei Parasiten im Darm.
Ysop: bei Atemwegserkrankungen.

BLÄTTER

Brombeerblätter: gegen Verschleimung und Durchfall.
Himbeerblätter: schmerzstillend, gegen Durchfall, bei der Geburt.
Gierschblätter: unterstützt Nieren- und Blasenfunktion.
Löwenzahnblätter: fördert die Verdauung.

NICHT GEEIGNET

Giftig für Hunde sind: alle Knoblauch- und Zwiebelgewächse wie Bärlauch, Lauch, Schnittlauch, Knoblauch, Zwiebeln.

NÜSSE, KERNE

Nüsse können Allergien auslösen, wegen Fettgehalt nur selten füttern. Unreife Nüsse sind giftig! Nur reife und getrocknete Nüsse verwenden.

Cashewkerne: wertvolle Ballaststoffe, Omega-3-Fettsäuren.
Haselnüsse: eiweißreich, reich an einfach und mehrfach gesättigten Fettsäuren.
Erdnüsse: Eisen, Phosphor, Kalium, Kalzium sowie die Spurenelemente Zink, Fluor, Kupfer und Mangan, fettreich.
Maronen/Maroni (Esskastanien): glutenfrei/fettarm; Vitamin-B-Komplexe.
Mandeln (nur süße, Bittermandeln sind giftig): fettreich, Vitamin-B-Komplex, Vitamin E, Folsäure, Kalzium, Kalium, Magnesium, gesunde ungesättigte Fettsäuren.
Paranüsse: fettreich; Vitamin B, Selen. Achtung: Gefahr von Selenvergiftung.
Pekanüsse: Selen, als Nahrungsergänzung bei fleischarmer und fleischloser Fütterung.
Walnüsse (nur reif und geschält): fettreich, ungesättigte Fettsäuren, Kalium, Vitamine.

NICHT GEEIGNET

Macadamianüsse, Muskatnüsse, Bittermandeln, Schwarznüsse.

ÖLE

In kalt gepressten Ölen sind mehrfach ungesättigte Fettsäuren enthalten, diese können Hunde nicht selber bilden, sie müssen zugeführt werden. (Achtung: Verträglichkeit von Ölen kann unterschiedlich sein, dann Ölgabe absetzen.)

Die Futterbeigabe von Ölen kann in vielen Fällen hilfreich und eine gute Nahrungsergänzung sein. Gut für den Hund sind kalt gepresste Öle, die viele ungesättigte Fettsäuren enthalten. Sie steigern die Hirnleistung, verbessern Fell und Haut und geben dem Hund Energie. Trotz aller Vorzüge sollte man wachsam sein, ob Unverträglichkeiten auftreten. Dann die Ölbeigabe reduzieren oder absetzen. In jedem Fall ist ein Gespräch mit dem Tierarzt hilfreich.

Lachsöl/Fischöl: steckt voller Omega-3-Fettsäuren und hilft bei Ekzemen, Juckreiz, schuppiger Haut.
Distelöl: enthält Linolsäure für besseren Stoffwechsel.
Hanföl: bei Fell- und Darmproblemen.
Kokosöl: verbessert Fell und Haut. Äußerlich angewendet auch ein Mittel gegen Zecken.
Lachsöl: Omega-3-Fettsäuren, Alpha-Linolensäure. Gegen Juckreiz, schuppige Haut, Fellprobleme und Ekzeme.
Leinöl: Omega-3-Fettsäuren, entzündungshemmend.

Kürbiskernöl: macht vital und ist sehr vitaminreich.
Nachtkerzenöl: für glänzendes Fell.
Traubenkernöl: enthält Antioxidantien, den milden Geschmack mögen Hunde.
Sandornöl: liefert Vitamine C und E sowie Lecithin.
Schwarzkümmelöl: ein paar Tropfen ins Trinkwasser schützen vor Flohbefall, nicht bei trächtigen Hündinnen anwenden.
Rapsöl: einfach gesättigte Fettsäuren.
Olivenöl: einfach gesättigte Fettsäuren.

WAS WOZU?

Fluorid: kräftigt zusammen mit Kalzium die Zähne.
Folsäure: unterstützt den Stoffwechsel.
Kalium: für die Nervenzellen, Wasserhaushalt.
Kalzium: gut für Zähne und Knochen.
Kieselsäure: stärkt Fell und Haut.
Magnesium: besonders wertvoll für das Nervensystem und die Muskeln, Magnesium sorgt für gesunde Nerven und Muskeln.
Phosphor: beteiligt an Energieproduktion und Säure-Basen-Haushalt.
Selen: für Funktion des Immunsystems und der Schilddrüse.
Ungesättigte Fettsäuren: für die Gehirnleistung, Fell, Haut, Zellaufbau, Immunsystem.
Vitamin A: für Wachstum und Sehkraft.
B-Vitamine: für Nerven und Ausgeglichenheit, Fell, Zähne.
Vitamin C: stärkt das Immunsystem.
Vitamin E: entzündungshemmend.
Vitamin K: unterstützt die Blutgerinnung.
Eisen: wichtig für die Blutbildung.
Beta-Carotine: werden im Körper in Vitamin A umgewandelt, wirkt antioxidativ und schützt vor freien Radikalen.

Konservieren & Vorratshaltung

AUF VORRAT KOCHEN, PORTIONIEREN UND EINFRIEREN

Hundefutter lässt sich prima auf Vorrat kochen. Dazu einfach die entsprechende Menge der Zutaten multiplizieren, vorkochen, eventuell mixen oder stückig zusammenstellen.

Einmachgefäße oder Einfrierboxen in Portionsgröße sind ideal. Logisch, dass eine Vorratseinheit für Dackel kleiner ausfällt als für die Dänische Dogge. Gekochtes und rohes Fleisch, gekochtes Gemüse und Reis, Nudeln oder gekochte Kartoffeln lassen sich wunderbar zu Portionen zusammenstellen. Natürlich können auch den vorgefertigten Portionen frische Zutaten beigemengt werden, wie rohe geraspelte Karotten, Beeren oder Apfelstückchen, Salat und Kräuter.

Wer Hundefutter noch heiß abfüllen möchte, nimmt am besten Einmachgläser mit Gummiring oder Einmachgläser mit Schraubverschluss. Die Gläser vor dem Einfüllen mit kochendem Wasser ausspülen. Anschließend das noch heiße Futter einfüllen und sofort verschließen. Diese Gläser sind vor allem im Kühlschrank bis zu 14 Tage genießbar. Gläser mit normalem Schraubverschluss sind ebenfalls eine Vorratshilfe und können so Futter portioniert aufbewahren.

Leckerlis können, ähnlich wie unsere Weihnachtsplätzchen, in Metalldosen gelagert werden. Natürlich können sie auch eingefroren werden. Gedorrte und trockene Leckerlis halten sich in Plastik oder Glasgefäßen.

Suppen und Brühen halten sich im Kühlschrank gut eine Woche.

Auch wenn der Hundemagen tatsächlich nicht empfindlich ist, wenn Sachen schon leicht angegammelt sind – schließlich fressen Hunde auch mal Aas –, sollten wir dennoch auch bei unseren Vierbeinern für Hygiene sorgen. Täglich frisches Wasser in sauberen Schüsseln ist Pflicht. Hundefutter an heißen Tagen nicht lange offen herumstehen

lassen, Futter stets frisch servieren und Reste möglichst in den Kühlschrank oder zumindest nachts zugedeckt auf den kühlen Balkon stellen.

Auch wenn unsere lieben Fellschnauzen vom Wolf abstammen, sind sie doch an ein Leben in Zivilisation gewöhnt. Und auch für uns Herrchen und Frauchen ist es doch angenehm, wenn über dem Futternapf nicht die Fliegen kreisen.

Besondere Ernährungssituationen

WELPEN, SENIOREN, KRANKE UND GENESENDE VIERBEINER

So gut wie alle Rezepte dieses Buchs sind für alle Altersstufen geeignet. Allerdings wird jeder Hundemensch wissen, dass besondere Lebensphasen besondere Schmankerl erfordern.

DER JUNGE HUND

Welpen und und junge Hunde bis zum sechsten Monat brauchen ein Vielfaches an Energie als erwachsene Hunde. Durch das enorme Wachstum in dieser Zeit benötigen sie extra Kalzium, Phosphor, und Vitamin D. Vieles davon ist in Leber und Lebertran enthalten, beides darf der Junghundkost ab und an beigemengt werden. Wertvolle Öle, gemahlene Eierschalen und Muschelkalk sind ebenfalls gute Nahrungsergänzungsmittel.

Gerade auch beim Welpennapf ist es wichtig, das richtige Maß zu finden. Denn »mehr« hilft nicht »mehr« – der kleine Hund wächst dann einfach zu schnell und das belastet die noch weichen Knochen.

DER SENIORENHUND

Ob schon Seniorentum oder noch gutes Mittelalter ist eine Frage der Rasse und Größe. Ein zehnjähriger Dackel ist ein rüstiger bis fideler Best Ager, während eine zehnjährige Dogge schon im Greisenstadium ist. Je nachdem muss auch das Futter angepasst werden. Die Konsistenz darf etwas weicher sein, Rohes wird etwas schlechter vertragen als Gekochtes. Viel zusätzliche Brühe sorgt für genügend Flüssigkeit – denn ähnlich wie bei alten Menschen vergessen manche Hundesenioren, dass sie genügend trinken müssen. Selbst gekochte Fleischbrühe ohne Salz ist dann ideal. Es dürfen dann auch etwas weniger Kalorien pro Mahlzeit sein – denn ältere Hunde bewegen sich weniger und haben einen geringeren Grundumsatz. Hüttenkäse, gedünstetes Gemüse und helles, mageres Fleisch oder Fisch geben den guten Seniorenmix.

GENESENDE HUNDE

Ob nach Trächtigkeit, nach einer Krankheit oder nach einer großen Anstrengung – um den Hundeorgansimus nicht noch zusätzlich zu belasten, sind leichte, kleine Mahzeiten eine Entspannung. Für stillende und trächtige Hündinnen sind manche Kräuter nicht geeignet – hier bitte Fachberatung einholen.

HAFTUNGSAUSSCHLUSS

Grundsätzlich übernehmen wir hier keine Verantwortung für selbst zubereitetes Futter. Bitte fragen Sie im Zweifel Tierärzte oder Ernährungsexperten.

Expert*innenrat

Die meisten der genannten Menüs in diesem Buch eignen sich für Hunde aller Altersstufen, aller Größen und Lebenssituationen. Und doch brauchen Hunde in ihren unterschiedlichen Lebensaltern ein paar Extras: Junge Hunde ab dem sechsten Monat haben einen erhöhten Energiebedarf. Hier kann mit der Gabe von Lebertran (Vitamin D), Muschelkalk, Knorpel/Knochen, Eierschalen (Kalzium) und wertvollen Ölen nachgesteuert werden. Welpen, die schon früh an Rohes und Gekochtes herangeführt werden, die viel Unterschiedliches ausprobieren dürfen, werden neugierige Esser werden, die Spaß an ideenreichem Futter haben. Senioren brauchen in der Regel weniger energiereiches Futter, vielmehr steht bei ihnen leicht Verdauliches auf dem Speiseplan. Eventuell muss auch die Konsistenz für Hundesenioren angeglichen werden. Pürierte oder sehr fein geschnittene Zutaten sind dann ideal. Leinsamen und Hüttenkäse helfen bei der Verdauung. Kranke oder rekonvaleszente Hunde werden mit selbst zubereiteter Schonkost wieder zu Kräften kommen. Mageres Hühnerfleisch, Fisch, etwas gedünstete Karotten und Haferflocken sind für die Aufbaudiät ideal.

Nachwuff

GESUNDER MENSCHENVERSTAND FÜR GESUNDE HUNDE

Dieses Buch ist kein Ernährungsratgeber und keine Anleitung für die allumfassend gute und richtige Fütterung. Aber es will Anregungen bieten, was einen Hunde- und Menschenalltag bereichern kann: Dinge füreinander zu tun. Und es geht auf Strömungen ein, die unsere Welt heute und die nächsten Jahrzehnte beherrschen werden. Wie gehen wir mit dem Fleischkonsum um? Wie ernähren wir uns ohne große Lieferketten? Wie können wir unsere Hunde an ein fleischarmes Leben gewöhnen? Es werden zwar für Tierfuttergewinnung keine Tiere extra geschlachtet – hier werden tatsächlich geräuschlos Schlachtreste genutzt, die wir Menschen nicht so gerne essen –, dennoch wird die Anzahl derer, die auch für ihre vierbeinigen Lieblinge alternative Ernährungswege suchen, größer.

Dieses Buch ist nicht fleischlos, aber es könnte ein wenig dazu beitragen, dass wir uns trauen, unseren Hunden einen vielfältigen Speiseplan zu bieten. Von carnivor bis vegan und von »das schmeckt nur dem Hund« bis »wir ernähren uns aus einem Topf« – ein »back to the roots«, als der Hund sich uns Menschen angeschlossen hat, nicht zuletzt wegen des stets gedeckten Tischs. Dieses Buch will auch ein wenig sensibel machen für das, was in Hundefutter stecken kann. Und dass wir nicht immer zu ultrateuren Futterdosen oder -säcken greifen müssen, um unserem Liebling das Beste zu bieten. Ein einfaches, abschließendes Beispiel: Wer je schon einen Sack Trockenfutter geöffnet hat, egal, ob aus dem Discounter oder von Feinkost Dog, wird den Geruch mehr oder weniger irritierend finden. Wer hingegen an einem Topf mit Suppenhuhn, Gemüse, frischem Hüttenkäse, gehackten Kräutern und dampfendem Reis geschnuppert hat – der weiß, dass es schmecken wird. Folgen wir dem Trend aus der Menschenküche: Selber kochen ist »in«, gesünder, umweltbewusster, regionaler, saisonaler und … meist preiswerter. Guten Appetit, Vier- und Zweibeiner!

Register

SPEZIALISTINNEN FÜR HUNDE-ERNÄHRUNGSBERATUNG:

Ludwig-Maximilian-Universität München
Petra Kölle
https://www.med.vetmed.uni-muenchen.de/einrichtungen/ernaehrung/index.html

napfcheck
Fachtierärztliche Beratung
Dr. Julia Fritz
https://www.napfcheck.de/

Futtermedicus
Dr. med. vet. Natalie Dillitzer
https://www.futtermedicus.de/

Fleisch für Hunde:

BeuteFuchs, Metzgerei für Hunde
https://www.beutefuchs.de/

Haustierkost – der BARF-Spezialist
Frischfleisch zum Bestellen
https://www.haustierkost.de/hund.html

Vegetarisches Hundefutter:
https://www.green-petfood.de/

Spezialfutter für empfindliche Hundemägen:
https://www.sanoro.de/hundenahrung/

Fachliche Beratung:
Dr. vet. Silja Weber hat an der LMU München Tiermedizin studiert. Seit 2000 betreibt sie eine eigene Praxis in München-Schwabing. In ihrer knappen Freizeit klettert und wandert sie. Derzeit bevölkern fünf Katzen ihren Haushalt, gerne hätte sie auch einen Hund, aber das lässt sich derzeit schlecht mit dem Praxisalltag vereinen, denn seit 2020 ist die Patientenzahl sprunghaft gestiegen. Ihr Eindruck nach den Corona-Jahren: Viele Neu-Hundebesitzer sind zu aufmerksamen und liebevollen Hundeexperten geworden, die nur das Beste für ihren vierbeinigen Liebling wollen. Selbst gemachtes Hundeessen steht da durchaus auf der To-do-Liste.

Über die Autorin:
Christine Paxmann hat nach ihrem Studium von Kommunikationsdesign und Germanistik den Weg in die Buchbranche eingeschlagen. Seit 1988 betreibt sie eine Agentur für Buchprojekte. Dort konzipiert, schreibt und gestaltet sie mit ihrem Team Bücher zu ganz unterschiedlichen Themen. Ein Lieblingsthema aber gibt es immer schon: Hunde. Neben zwei sehr erfolgreichen Büchern über Dackel ist sie auch Autorin des Was-ist-Was-Titels *Hunde.* Mit dabei sind auch im Alltag immer Hunde, seit über zehn Jahren die kleine Olga, die aus einem Tierasyl in Ungarn stammt und bei der Entstehung des Buchs eine kritische Testesserin war.

Dank und Bildnachweis

Der Verlag dankt folgenden Personen und Organisationen für die freundliche Genehmigung zum Abdruck von Fotos:
(Abkürzungen: o = oben, u = unten, m = Mitte, l = links, r = rechts)

stock.adobe.com: Abundzu 43ml, 50mro, 54mru, 57mu, 61mlu, 63mlu, 74mru, 76mru, 81mlu, 82mr, 84mru, 86mr, 92mru, 99ml, 102mr, 107ml, 111mu, Alejandro 70, 84ol, alexei_tm 30, 54ol, anastas_ 36-37, 76ol, annaav 22, 88, ArtHdesign 40, Chalabala 86ol, chendongshan 58, 90, fototheobald 44, 82ol, glenkar 27, Nadine Haase 92ol, Angelika Heine 78, inkevalentin 98, katrinchen910 102ol, Mariia Korneeva 68, 125, Lightfield Studios 50ol, 80, Lilli 71, M.Dörr & M.Frommherz 121or, Mak 66, Yulia Malsagova 110, manushot 52, mashiki 100, natalialeb 8, 17, New Africa 106, radosnasosna 33, Rasulov 104, sonyachny 96, sweetlaniko 112, tan4ikk 46, ThamKC 11, tsuguliev 121mr, vlentz 109, zontica 21. **Christine Paxmann:** Rezeptfotografie und Illustrationen.
Cover: *Vorn:* **stock.adobe.com:** Elena Arkadova, *Hinten:* **stock.adobe.com:** Elena Arkadova (Hintergrund), *Rücken:* **stock.adobe.com:** Abundzu.